営農・経済事業で
つくり、つなぐ

未来の農業

～次世代のＪＡを目指して～

大國 仁 著

目次

はじめに

農業を取り巻く変化

JAとの出会い、農業法人への支援で気づいたこと

歳を重ねるたびに、人とのつながり、〝ご縁〟というものを大切にしたいと思うようになりました。本書の執筆のお話をいただいたのも一つの〝ご縁〟であり、そもそもJAや農業への関わりも大切な〝ご縁〟がきっかけでした。

私が営農・経済事業と本格的に関わるようになったのは二〇一六年の五月に「東日本大震災の被害を受けた農業法人を支援してもらえないか」と、相談を受けたのがきっかけでした。それまで経営コンサルタントとして様々な業界を支援してきましたが、農業に近いと言えば、冷凍食品メーカーの業務改革と飲食チェーンの店舗強化くらいでした。

「農業法人とはどのような法人なのか？　何か役に立てるのだろうか？」

少々不安を感じながらも実際に支援してみると、二つの発見がありました。

一つは、これまで飲食店や銀行の支店などの拠点を強化するうえで基本としてきた考え方が

通用することでした。まずは、コミュニケーションの機会を増やして互いの信頼関係を強め、中期のありたい姿を共有して、一つのチームとして職場をまとめることで、作業の効率が良くなり、メンバーの主体性も強まっていきました。組織としての力や自信が備わっていくにつれて、収益力の向上のための仕組みの整備など、高度な経営手法への興味や意欲も高まっていきました。

「みなさんが実践したことを続ければ、その辺の中小企業は簡単に超えられると思う」

力をつけた農業法人の方々に、本心から話してきたことです。

そして、もう一つの発見は、明るい将来像が描けた時、若い人の雇用につながるということでした。これまで私は大企業の改革を支援して何十億円といった効果につながったこともありましたが、今一つ実感がわきませんでした。一方、例え財務効果は小さくとも、支援した農業法人が若い人を雇用できるということは、まったく異なる喜びがありました。

もちろん、最初から順調に進んだわけではありません。農業をずっとやってこられた方々には当然自負もあります。

「農業について何も知らない人間の言うことに、耳を傾けてくれるだろうか？」

初めて農業法人の方とお会いした日に感じた不安を今でも覚えています。しかし、そのような方々と向き合って話を聴いていくと、とても親切でいろいろなことを教えてくださりました。そしてある共通点に気がつきました。それは、「次の世代を迎え入れたい」「地域の農業を継承していきたい」という切実なる願いでした。

農業という産業を取り巻く世の中の変化

農業に関わるようになって、産業としての農業の厳しさを感じ、危機感も日々強まっていきました。就農者が減っているだけでなく、高齢化は他の産業とは比較にならないほど進んでいます。とはいえ、他の産業や業界が大丈夫かというと決してそうではありません。

大きな課題に直面して衰退してしまった印象が強いのが電機業界です。中国や台湾などの企業の躍進やグローバルでの競争から、十年ほどで業界の勢力図は大きく変わってしまいました。シャープ、サンヨー、東芝といったメーカーが今のような状態になることを誰が予想していたでしょうか。

この先もいろいろな業界が大きく変わっていくでしょう。その要因の一つとして、日本の年齢区分別の人口の変化と将来の予想について紹介したいと思います。

日本の人口は、二〇〇七年から二〇一〇年まではほぼ横ばいで推移していましたが、

図表1　年齢区分別人口変化と将来人口推計

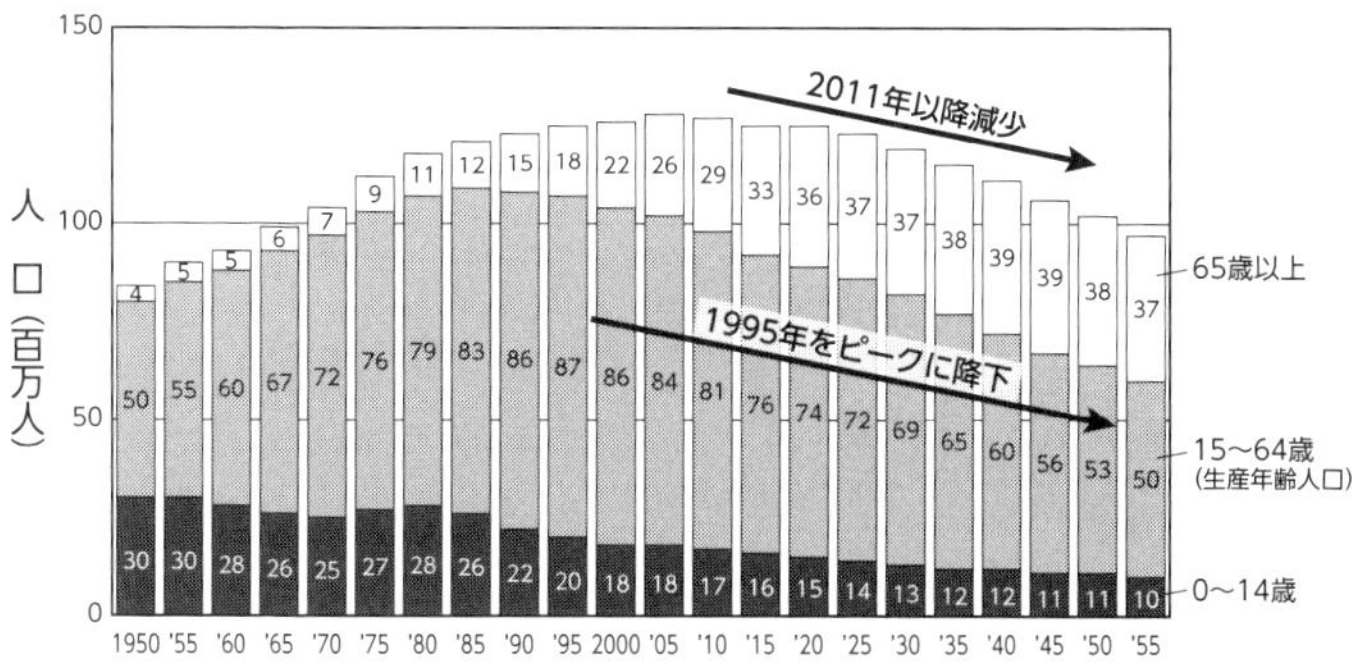

（出典）平成28年版高齢社会白書及び平成29年版高齢社会白書（内閣府）をもとに当社作成

二〇一一年から継続的な減少段階に入りました。特に注目すべきは、十五～六十四歳の生産年齢人口が、一九九五年をピークに下降に転じ、二〇五五年には戦後から五年の一九五〇年の五千万人レベルまで落ち込むと予想されていることです。

一九五〇年と大きく違うのは、六十五歳以上の人口が十倍近くになることです。働き世代が高齢者を支えるための負担は増え続けます。二〇五五年に私の息子は四十代半ばになりますが、そのような厳しい時代を生き抜く力をつけてもらえるか心配になります。

生産年齢人口が他の年齢の人口の二倍を超える時期は、人口ボーナス期と言われます。働き盛りの世代が増えることで購買行動が活性化し、企業の成長や好調を後押しします。

一方、生産年齢人口が減っていくとどうなるのでしょうか。老後など将来の生活に不安を抱く人の割合が増えていきます。そのため購買意欲は低下して、企業の業績は低迷していきます。特に国内市場を主とする事業は苦戦し、企業は社員の給与を増やしにくくなり、さらなる購買意欲の低下、業績低迷という悪いスパイラルに陥っていきます。

優秀な人材の争奪戦はすでに始まっている

人材の採用は、今後もますます難しくなっていくでしょう。ブラックだというレッテルを貼られた業界や企業には、優秀な人材は目を向けなくなっていきます。学生たちも自らの将来のために真剣です。特に、昨今のインターネットの影響は大きく、「この業界は～らしい」というステレオタイプの情報が強力に作用するようになりました。

学生や若い人から、「これから伸びそうな企業は？」「不景気にも強い業界は？」といった質問を受けることがありました。「同じような情報をもとにみんなが動く。優良と言われる業界や企業の中で優等生を目指すのか、みんながあまり行きたがらないような業界で勝ちパターンを見つけるか、ではないか」と答えていました。進路を決めるうえで、本当に悩ましい時代だと思います。

もう少し、この先のシナリオについて想像してみましょう。

グローバルで稼ぐことができない内需中心の業界では、企業の数は減っていきます。市場が縮小しているのだから当然です。すでに、再編が進んでいる業界もありますが、再編が遅れると下位企業の破綻という形で再編が進められることもあるでしょう。

先の電機業界の例のように、どのような企業であっても破綻しないとは言い切れない世の中です。特に歴史の長い企業ほど企業の存続にかかわるリスクを抱えているかも知れません。それは、成長期の後半から低迷期に業績を重視するあまり、解決を先送りにしてしまったからです。データの改ざんや法規制に対する不正といった企業の信頼を失墜させる事態がすでに起こっていますが、この先もいろいろ出てくるのではないかと思っています。

その引き金となり得るのが、〝働き方改革〟ではないかと心配しています。残業を制限するなど、時間にのみ手当てをして、仕事の質の向上が進んでいない印象があります。「働き方改革のせいで手がまわらなかった。会社の責任だ」という言い訳で、不祥事が勃発しないことを祈るばかりです。「そんな馬鹿なことが起こるだろうか」と思うかもしれませんが、ある会社の不祥事の要因の一つに、働き方改革が挙げられた瞬間、連鎖的に他の企業の不祥事の要因としても挙げられていくことは十分考えられます。そのような事態は避けたいものです。

変化の中でチャンスをつかむ

変化の中で農業が狙うべきチャンス

やや暗い話が多かったので、「どこにチャンスあるのか？」と思うかも知しれませんが、世の中が大きく変わる時には必ずチャンスがあります。チャンスとは次のような内容です。

―業界の再編によって大企業の数は減り、人口知能（ＡＩ）等の活用による業務の効率化や本社機能のスリム化が進む

―結果として、大企業から多くの人が放出され、派遣労働者など非正規社員はますます増え、ブラックと言われるような過酷な職場も増えていく

―農業で多くの収入を得ることは難しいが、生活の環境も含めた総合的な判断として、地方での就農が魅力的に映る。

近年、自らの技能を武器に独立して仕事を請け負うフリーランスが増えてきました。日本には、フリーランスが一千万人以上いると言われています。地方に住んで都会からの依頼に応え

ながら、できる範囲で農業を営む人も増えるかも知れません。つまり、〝半農半X〟が進むチャンスです。

また、若い人と話をしていて、金儲けよりも生きがいを重視する人も増えているように感じています。これもチャンスです。

経済事業強化のカギを握る農業のチャンスについて述べましたが、このような話をすると、その妥当性が気になって突っ込みを入れたくなる読者の方もいらっしゃるでしょう。

例えば、「そのような人はいるのでしょうか？」「農業を選んでくれますか？」と言った声も聞こえてきそうです。そのような人がいるかどうかは、自分の足と目を使って確かめることが大切です。また、「農業を選んでもらえるのか」と考えるのではなくて、一人でも多くの人に農業を選んでもらえるようにするための知恵を出すべきです。

先に述べたチャンスは予想ではなく、一つの成功のシナリオであり仮説(仮の答え)なのです。

成長期には、「世の中の傾向から間違いなさそうな道を選ぶ」という考え方で成功することができました。なぜなら選択肢の多くが、それなりに失敗しない選択肢だったからです。衰退期では、今まで機能していたものが壊れながら、本当に必要なものだけが新しく組みあがっていきます。そのため、自分たちで状況を見極めて、次の動きを予測し、成功のシナリオを描くしかないのです。つまり、「自分が信じる道に賭ける」という考え方です。

いつまでも予想や妥当性について話している時間はありません。そのチャンスをつかむために相応の準備を進めることが大切なのです。

本書でお伝えしていきたいこと

私が貢献できると思ったことの一つは、これまでの農業や農業協同組合に捉われない視点を提供して、新しい発想や動きにつなげることです。

日本には様々な地域があり、そのニーズも異なります。大企業が目をつけていない、または対応できないニーズもたくさんあります。そのようなニーズを見つけて、ビジネスを組み立てる方法をマスターすることができた時、可能性が大きく広がっていく面白い時代になったと言えます。

成長期には難しかったが、小が大を制することも十分可能だと思います。この先、多くの起業家が現れ、充実した人生を送っていくことでしょう。農業に関連するビジネスにおいても例外ではなく、ＪＡがその成功を支援することだってできるはずです。（そのような意志があればですが）

つまり、日本市場が成長を終えて、低迷、衰退と変わっていく中、その変化を農業にとってチャンスとして捉えて前進することが大切だということです。そのためにも、ＪＡの役員や職員のみなさんが成長期から低迷期に身についた「思考の癖」を修正しながら、営農・経済事業を強化するための重要課題に向き合って、着実に前進していくことが求められます。

第一章

地域のありたい姿を描く

まずは事実を見える化する

すべては事実の確認と共有から始まる

困っている時ほど、「何をすればよいのか?」「どのようにすればよいのか?」という策が欲しくなるものです。最初に断っておきますが、経済事業を強化するために即効性のある策はありません。もしそのような策があったら、誰も苦労していないと思います。

物事を抜本的に強化するためには、その本質を捉える必要があり、本質を捉えるためには事実を共有することが第一歩となります。

経済事業を抜本的に強くするためには、本質を追究するための〝思考〟と少しずつ前進するための〝行動〟を粘り強く繰り返していく必要があります。まずは、地域の状況をわかりやすく見える化して具体的な行動につなげていく必要があります。

思考の癖を修正せよ①

「みんなわかっているはず」という認識が多くの非効率を招く。事実を見える化することへの労を惜しんではいけない。

◆地域×作物×生産者の見える化によって全体像を捉える

営農経済部門における会議の場では、特定の生産者の話が出ることも珍しくありません。生産者のことを考え、話し合うことは良いことだと思います。一方、地域について詳しく知らない立場では、「そのような人もいるのだと思いますが、そのことで地域全体をまとめてしまってよいのか？」「全員が同じ事実を共有できているのか？」と疑問がわくことも多いのです。

以前、地域の生産者や作物を見える化したことがあります。各地域の状況を大きな紙に印刷して壁に貼り出し、どこに伸びしろがあるのかを洗い出しました。自らが関わったことのある地域のことはわかるけど、関わりがなかった地域のことはわからないという発言が多かったのを覚えています。

その際の見える化は、図表2のようなイメージで行いました。縦軸を町や集落などのいくつ

図表2 地域の生産者や作物の見える化

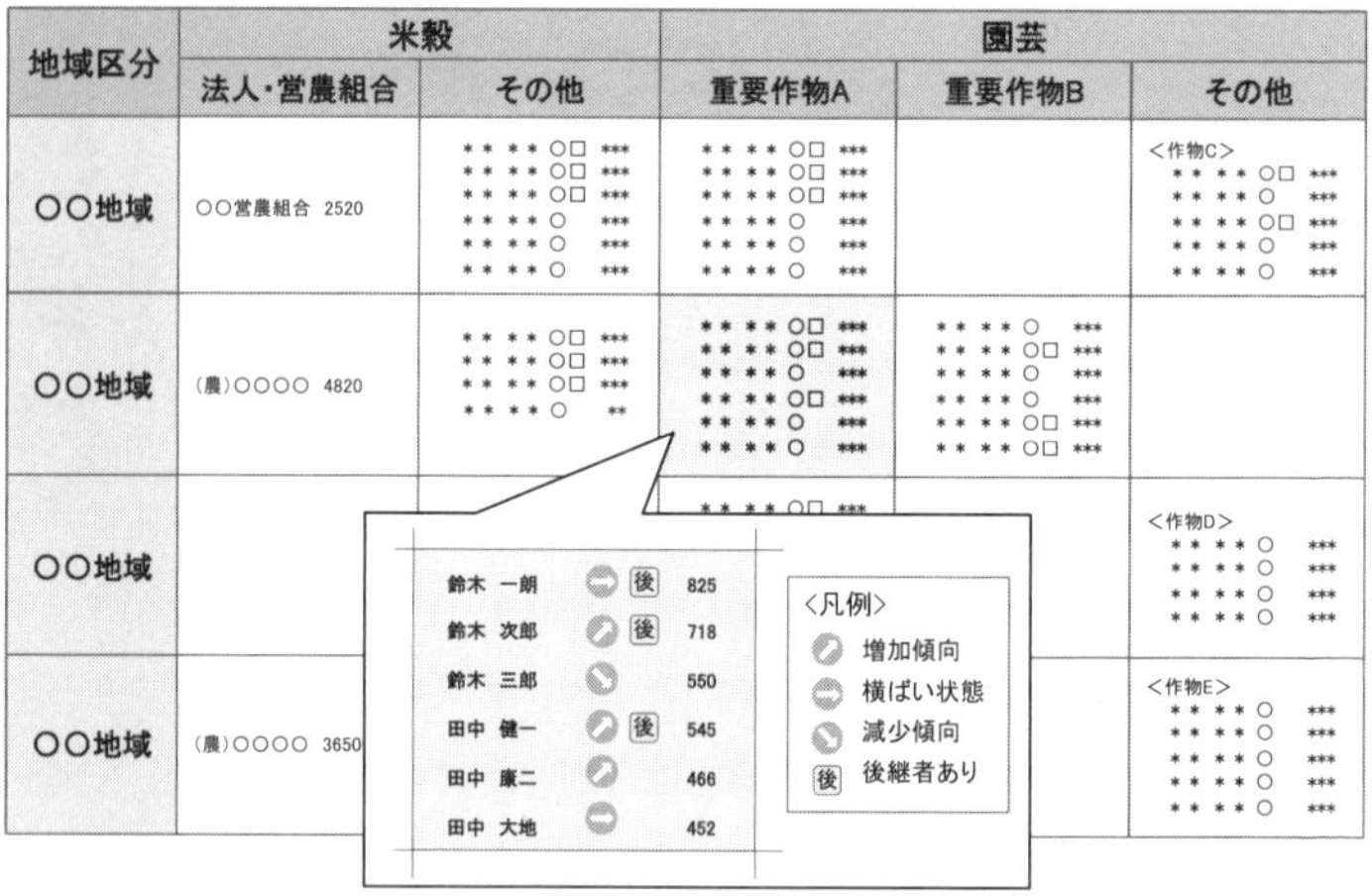

かの地域に切り分けて、横軸は農作物で切り分けています。

地域と農作物で切り分けられた箱の中には、生産者の軒数と売り上げの合計、主な生産者の名前と売り上げが記されています。また、販売高の傾向、後継者の有無がわかるようにします。その他に、乾燥施設、集荷場、選果場といった施設も明記すると、各地域の様子がもっとよく見えてきます。

ただし、注意が必要なのは、情報がたくさん載っていればよいということではありません。活用の目的を明確にすることが大切なのです。

地域営農ビジョンを描く

地域の全体像を見える化することの三つの目的

地域を見える化することの目的を大きく三つ挙げておきましょう。

①地域営農で目指すビジョンと課題を策定する
②ＪＡを利用し続けてもらうための職員の行動や施策を検討する
③職員間の連携・協力を促し、引継ぎを容易にする

ここでは一つ目の地域営農のビジョンと課題の策定について解説していきます。

これまで農業法人やＪＡへの支援などで東北地方に頻繁に出張していました。東日本大震災から十年以上が経ちましたが、地域として目指す姿（＝ビジョン）が共有できたところは、おそらく早く復興が進んだのではないかと思います。

ただ、目指す姿の共有が重要である一方で、人々が描く姿や思惑は異なります。その共有は一筋縄ではいきません。

図表3　地域営農ビジョンの策定の流れ

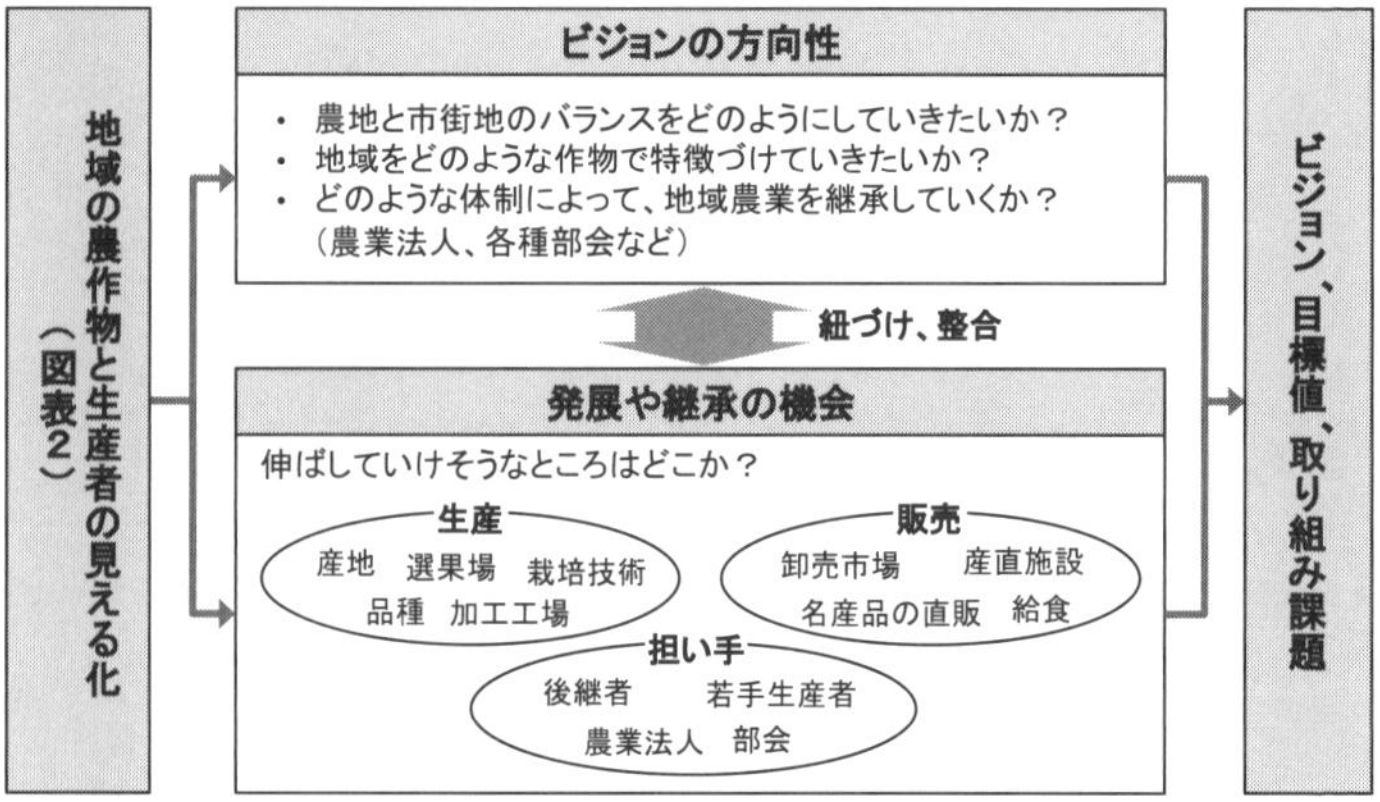

生産者との対話を通して地域営農ビジョンを策定する

図表3に地域営農ビジョンの策定の検討の流れを示しました。

多くの関係者で話し合いながら合意していくためには、事実の確認を第一歩とする検討の進め方、そして決め方を合意することが有効です。

作物と生産者を見える化したものを見ながら、大きな方向性について考えるとともに、発展や成長の可能性のある機会を可能な限りたくさん洗い出します。大きな方向性と洗い出した機会を紐づけ、整合させていくことで、達成事項と目標値、そのための取り組みの柱と解決すべき課題をまとめていくことができます。

このような検討の過程で、関係者の納得感を得ていくことが大切です。他の地域の営農ビジョンの例やフォーマットを参考に少人数でつくった営農ビジョンよりも、しかるべき関係者によって議論して、納得感の得られた営農ビジョンの方が、実現する可能性は高いはずです。

思考の癖を修正せよ❷

結論を急ぐ前に決め方を決め、結論とともにその根拠を残す。非効率な職場には根拠が不明な仕事が残っていることが多い。

第二章
農作物や産地を強くする

生産者の所得を増やす

特定の農作物をつくる生産者の所得を増やす

販売高や生産量を増やすためにはどのような手段があるのか？一つの手段として、栽培面積を拡大することを思い浮かべるかも知れません。

若くてやる気に満ちた生産者が多かった時代は、このような働きかけによって生産者の所得とＪＡの収益の両方を得ることができました。しかし、生産者が減り続け、高齢化も進んでいる現在、面積を拡大するのは難しいのではないでしょうか。「体がつらい」「つくれる量をつくればいい」といった声もよく聞かれます。

生産者のやる気を引き出して、販売高や生産量を増やしていくための三つの働きかけを紹介します。

(1) 所得目標とその根拠を決める
(2) 目標を達成するための方向性と管理指標を明確にする

(3) 振り返りによって次の作付けへの意欲を高める

(1) 所得目標とその根拠を決める

「いくらくらい稼ぎたいですか？」

と生産者に聞いた場合、どのような答えが予想されるでしょうか？　明確に「いくら」という答えを返してくれる人が何割くらいいらっしゃいますか？

「それはつくってみないとわからない」「天候や相場次第だ」「お天道様に聞いてよ」といった答えが返ってくることも多いのではないでしょうか？

農業に限らず、所得が安定していたり、事業を拡大している事業者の特徴の一つとして、目標が明確であることが挙げられます。さらに、その目標の根拠もはっきりしていて、目標達成への覚悟が感じられることがあります。

「いくら稼ぎたいのか？」「それはなぜか？」という問いに対して、はっきりとした答えが返ってくる事業者には期待が持てますが、そうでない場合は運任せであり、期待が持てないものです。私自身も気をつけていることですが、事業を長年やっていると目標を立てなくなっていきます。「いくら稼げるか」と予想するだけで、「いくら稼ごう」と決断する気持ちが薄れていくのです。

目標と根拠を決めている生産者の割合が大幅に上がったら、その地域の販売高や生産量が大幅に増えるのではないでしょうか？ＪＡによる支援の意思も強まるのではないでしょうか？

所得目標と根拠の確認は、営農支援の一丁目一番地ではないかと思います。

思考の癖を修正せよ③

人は根拠に納得する。納得すると実行される可能性が高まる。

「どこを目指すか？」「何をすべきか？」の「なぜ？」（＝根拠）を明文化しよう。

⑵ 目標を達成するための方向性と管理指標を明確にする

ここでも事実の確認が大切です。例えば、ある農作物をつくっている生産者の作付け面積と収量が図表４のようになっていたとします。一つ一つの点が、生産者を示しています。

その中で栽培経験が浅い生産者Ａさんがいたとします。このような生産者に面積の拡大を勧められるでしょうか。面積を拡げて反収が維持できればよい（①）のですが、作業が遅れたり、管理が行き届かないことで反収が下がってしまうかも知れません。もし、そのような可能性が

図表4　作付け面積と収量の見える化による経営改善の検討

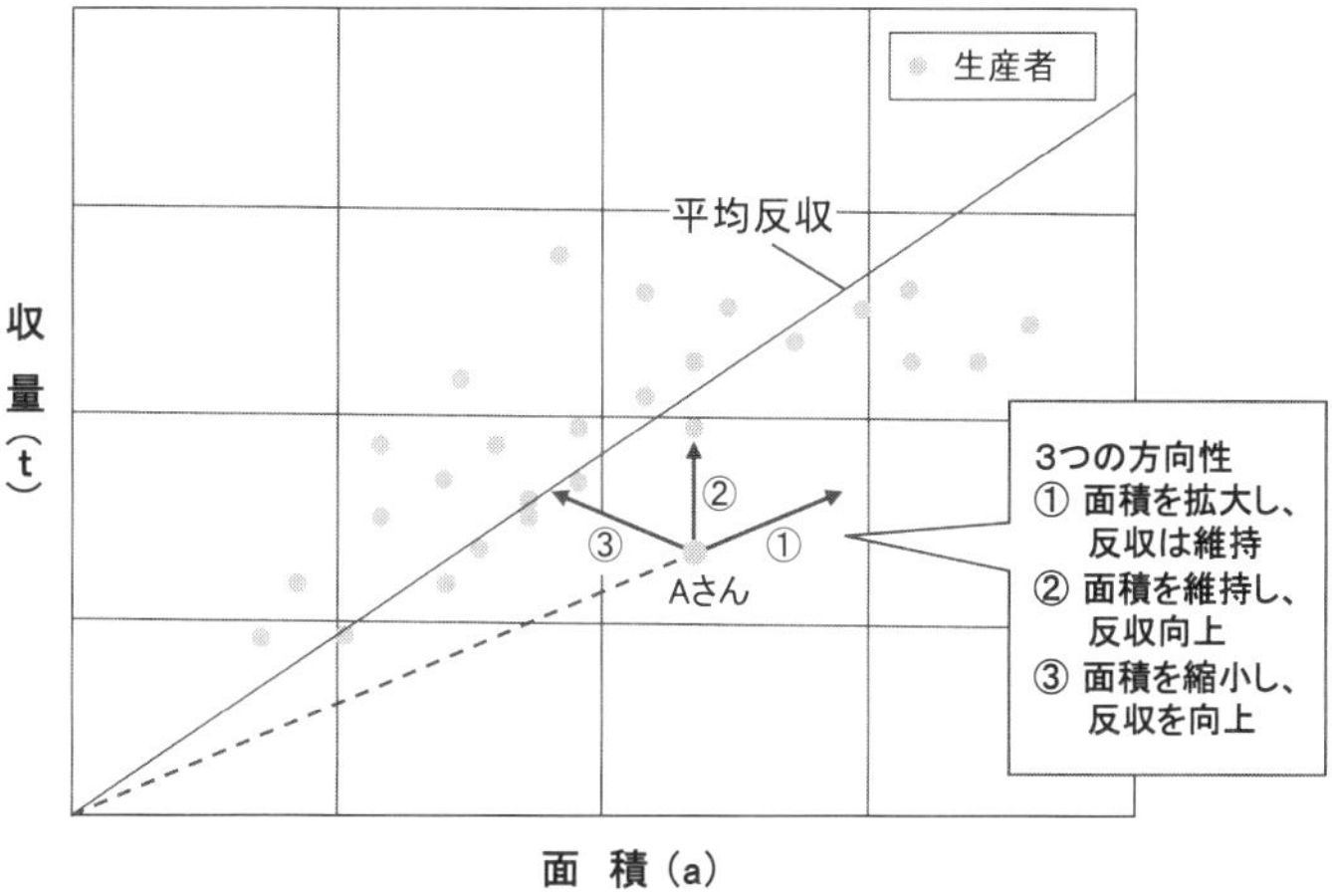

高いのなら、まずは②のように面積を変えずに収量を高めるべきでしょう。場合によっては、③のように面積を縮小して、収量を増やすことも検討した方がよいかも知れません。同じ収量であれば、面積が狭い方が費用を抑えることができて所得は増えますし、作業の負荷も小さくなります。

得たい収入を考えて、反収向上を意識して目標値を決めます。そして、決めた目標を目指すための管理指標を考えます。収穫が終わってから販売額や反収がどうだったと言っても、後の祭りです。管理指標とは、栽培を通して気をつけておく目のつけ所なのです。

管理指標を設定する目的は二つあり、①目標達成への意識を強めることと、②目標未達につながる問題を未然に防ぐことです。

図表5　管理指標の設定イメージ

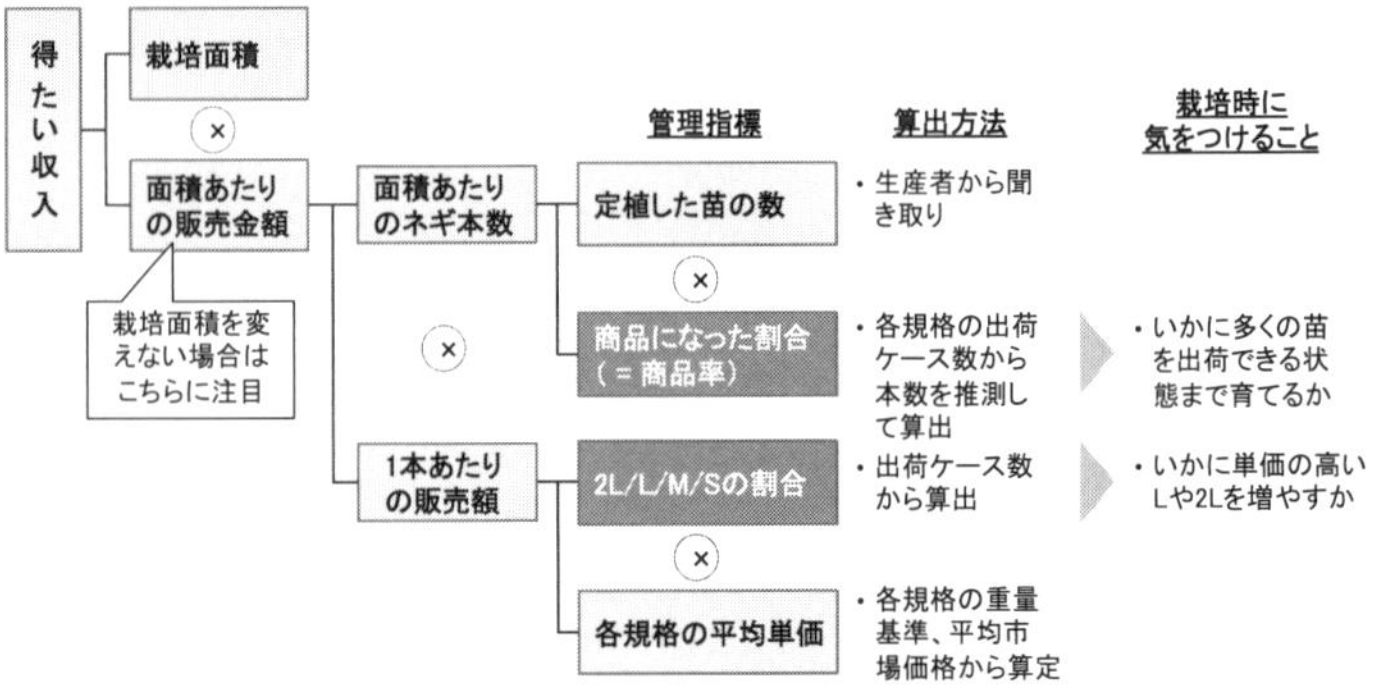

図表5は、ＪＡ江刺での長ネギ産地強化の取り組みで、管理指標について話し合った内容です。栽培面積を変えない場合は「面積あたりの販売金額」を増やすことを考えます。そして「面積当たりの販売金額」を「面積あたりのネギ本数」と「一本あたりの販売額」に分解し、さらに四つの管理指標へと分けます。特に栽培時に気をつけたい指標は、「(定植した苗の数に対して) 商品になった割合 (＝商品率)」と「2L／L／M／Sの割合」です。

このような管理指標を踏まえると、ＪＡ職員が圃場を巡回する際に目をつけるべきことも見えてきます。畝沿いに歩き、欠株がいくつあるか数えます。事前に定植した株数を聞いておくことで、欠株率が算出できます。「良く育っている」という曖昧な捉え方ではなく、数値で捉えることで、生産者との会話も変わってきます。

「欠株率が低いですね。数えてみたのですが五％でした」

などと話すことで、どのような工夫や判断が功を奏したのかといった自慢話が出てくることもあるでしょう。そのような会話から得られる情報こそが営農指導の糧になるのではないでしょうか。

思考の癖を修正せよ❹

面積を拡大することで、生産者の所得を増やせるとは限らない。反収や作業の現状を確認して、方向性を検討して、管理指標を定めることが大切。

⑶ 振り返りによって、次の作付けへの意欲を高める

栽培が終わったら、必ず振り返ることが大切です。以前、枝豆の若手生産者のための勉強会を開催してわかったことは、最も反収の良い生産者が、作付け毎に反収等の結果と栽培の過程を振り返っていたことでした。栽培の過程では、生育と天候の状況を見ながら、「こうしたら、こうなるはずだ」という仮説を立てて検証していることも確認できました。

生産者に振り返りの材料を提供することも、ＪＡの職員が提供できる重要な価値ではないでしょうか？

図表6 真のPDCAをまわす

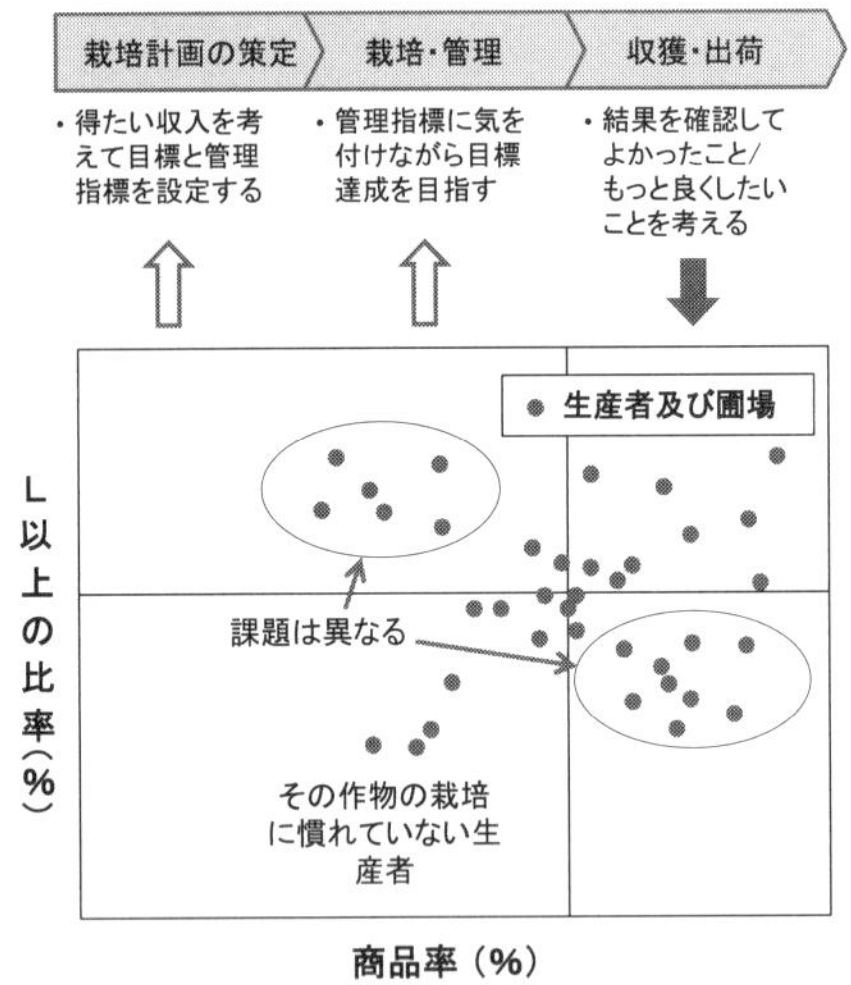

栽培計画の策定
栽培・管理
収穫・出荷
・得たい収入を考えて目標と管理指標を設定する
・管理指標に気を付けながら目標達成を目指す
・結果を確認してよかったこと/もっと良くしたいことを考える
生産者及び圃場
課題は異なる
その作物の栽培に慣れていない生産者
L以上の比率(%)
商品率（%）

例えば、長ネギの栽培では、設定した二つの管理指標に関連する軸を取って、結果を見える化することで、次の作付けに向けた課題が見えてきます。L以上の比率は高いが商品率が低い場合は、防除に力を入れるなど欠株を防ぐことが必要で、逆に商品率は高いがL以上の比率が低い場合は、土づくりや土寄せの方法の見直しなどが必要になるでしょう。

このように課題が見えると、次の作付けへの意欲を高めることができます。JA江刺の安部課長補佐は、生産者ごとではなく、生産者の圃場ごとに結果を示すことで、より多くのヒントを得ようと意気込んでいました。

つまり、最終的な目標を分解して、管理指標とその指標の目標を考えることで、真のPDC

Aをまわすことができるのです。チェック（C）では原因を深掘りすること大切ですが、プラン（P）の段階で管理指標を設定することで深掘りがしやすくなります。「反収が悪かったのは、悪天候が原因だった」と結論づけても、次に何をすべきか見えてきません。

JAとして高いレベルを目指す

JAに求められる真の課題解決力とは？

ここからは生産者に働きかけるJAの視点で大切なことを紹介していきましょう。

課題の定義　→　現状の把握　→　原因の特定　→　解決策の策定　→　定着化

これは、世界で最も広く活用されている問題解決の進め方です。

「なんだ、当たり前のことではないか」と思われたかも知れませんが、真の原因を突き止めずに打ち手を考えていませんか？

例えば、「この品種でうまくいかなかったから、新しい品種に変えよう。」ということになったとします。そのような場面で、私は、「前の品種でも、うまくつくっている人はいないの？」「うまくつくれていない人との違いは何？」「前の品種のどこに問題があって、新しい品種ではどこが、どのように、どのくらい良くなりそうなの？」と聞きたくなります。

他にも「肥料を変えてみよう」「作型を変えてみよう」「機械を導入しよう」といった新しいやり方を検討する場面があると思います。そのような時に、「なぜ、やり方を変えるのか」という根拠を明確に言うことができるでしょうか？

名人と言われているような生産者は、日々の記録などが緻密で、質問しても具体的で理にかなった答えが返ってくるように思います。特に原因について仮説を持っていらっしゃるように感じます。その域に達成するまでに十年かかったのかも知れませんが、その期間を一～二年短縮、いや半分にすることはできないかと思うのです。

◆反収目標を決めて、反収に大きく影響する原因を突き止める

真の原因を突き止めるとはどのようなことでしょうか？

図表7　反収を悪化させる要因を特定する

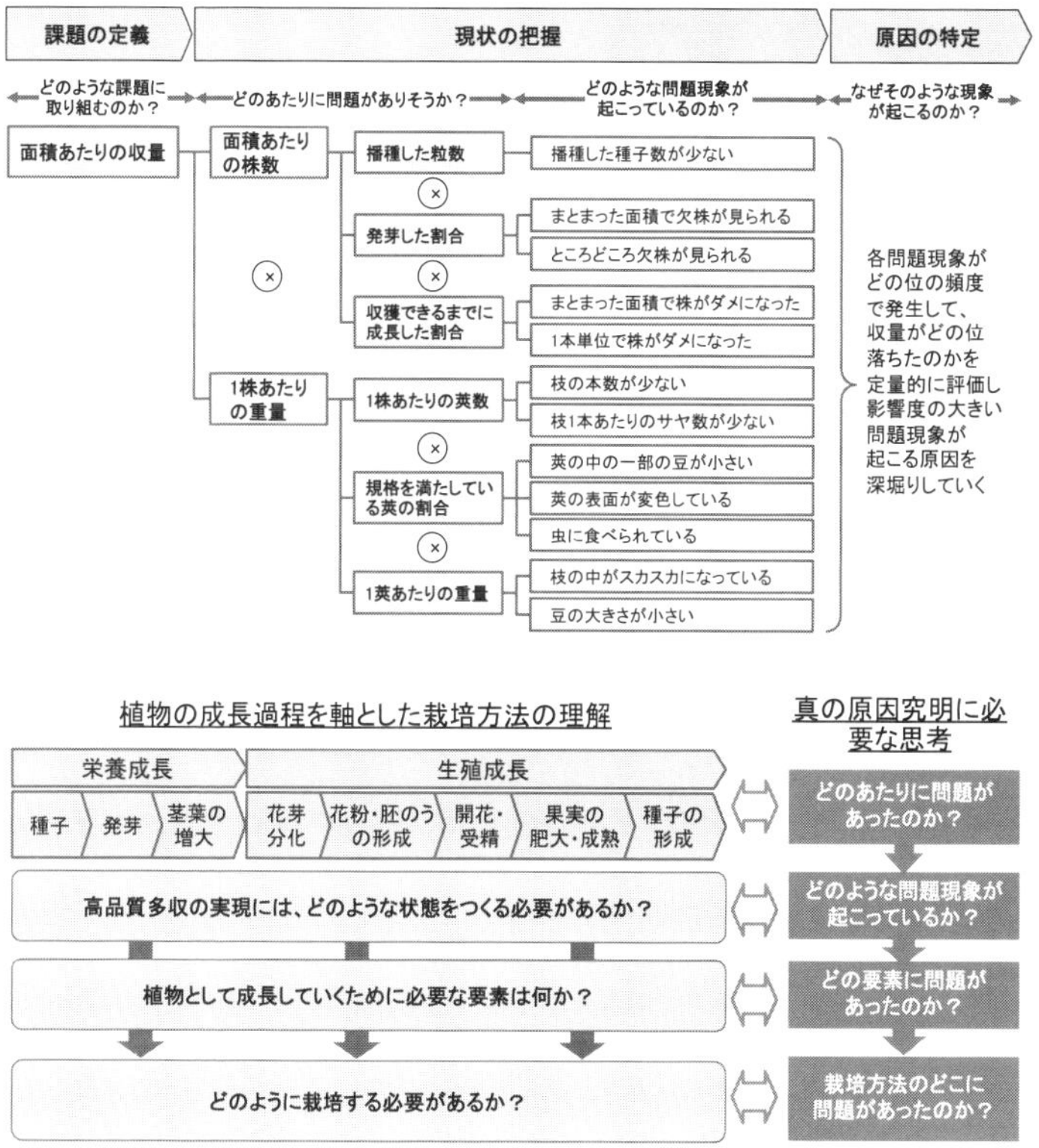

例えば枝豆栽培を例に、面積当たりの収量を悪化させる原因を突き止めていくイメージを紹介します（図表7）。

真の原因を突き止める際に大切なことは、「切り分ける」「絞る」を繰り返すことです。

「面積あたりの収量」は、「面積あたりの株数」と「一株あたりの重量」を掛けたものです。さらに「面積あたりの株数」は、「播種した粒数」に「発芽した割合」と「収穫できるまでに成長した割合」を掛け合わせたものとして切り分けられます。「一株あたりの重量」も同様に切り分けることができます。

このように切り分けたら次は「絞る」です。先ほど切り分けた要素はデータを取って数値化することができます。他の生産者の数値も参考にして差が出ているところを原因として考えることができます。つまり、「根拠をもって絞る」ことができるのです。

データを取得するのは、どこに問題や原因があるのかを究明するためです。原因を突き止めずに様々な打ち手を講ずることを、ものづくりの現場では、「モグラたたき」と言います。地下の巣がどのようになっているのかを把握せずに、地上から反射的にモグラをたたき続ける様子から、このように言われています。

近年、日本の製造業の課題解決力が落ちているような印象を持っています。農業で、真の課題解決を実践していただくことで、他の業種から本質を大切にしている人を呼び込むことができるのではないかと思っています。

生産者を動かすためのコミュニケーション

営農経済事業を強化していくためには、農業の担い手である生産者に働きかけ、動いてもら

図表8　生産者に提案・助言するための２つのアプローチ

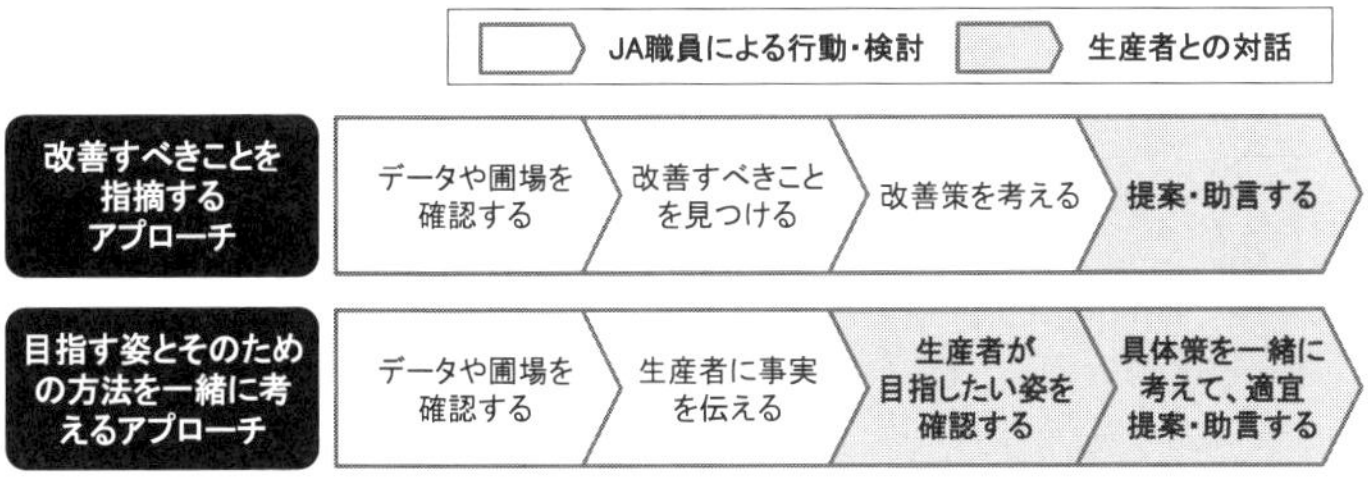
JA職員による行動・検討
生産者との対話
改善すべきことを指摘するアプローチ
データや圃場を確認する
改善すべきことを見つける
改善策を考える
提案・助言する
目指す姿とそのための方法を一緒に考えるアプローチ
データや圃場を確認する
生産者に事実を伝える
生産者が目指したい姿を確認する
具体策を一緒に考えて、適宜提案・助言する

う必要があります。そのためにコミュニケーションの取り方が重要になります。

場面に応じて使い分けることを前提に、二つのアプローチを紹介します（図表８）。

一つはＪＡ職員が自ら改善策を考えて、生産者に改善すべきことを「指摘するアプローチ」です。もう一つは、データや圃場を確認して生産者に事実を伝えながら、目指す姿とそのための方法を「一緒に考えるアプローチ」です。

「指摘するアプローチ」の方だけを考えて、「栽培知識が不足している」「栽培スキルを高めないと助言できない」と思い込み、生産者との会話を躊躇している若手職員もいるかも知れません。

「一緒に考えるアプローチ」では、事実を伝えることも有効な手段となります。先ほど述べたように、圃場を見て欠株の数を数えることも一つの方法です。また、生育の悪いところや異常だと思えたところは良く観察して写真を撮ります。

図表9 営農支援のために必要な情報

	整備しておきたい情報
栽培計画の策定	・品種情報（播種・収穫期、発芽率、反収、播種・収穫時期、注意点など）
播種・定植〜栽培・管理	・土づくりのポイント（成長に必要な栄養分、適した物理的特性、施肥設計の考え方、肥料等） ・収穫までの栽培ポイント（発芽、生殖成長への切替、除草、単価の高い規格のものを増やすポイントなど） ・病害虫情報（発生する病害虫、時期、現象、原因と予防策、発生時の対策等）
収穫・出荷	・市場情報（市場価格、価格に影響する産地の情報、販路など）

どのような情報を整備しておくべきかをJA内でも話し合って認識を合わせておく

そして、まずは良いところをほめて、その理由を聞いてみましょう。考えて実施したことが功を奏したという自慢話が始まるかも知れません。人は事実をもってほめられるとうれしいものです。

生産者との関係が構築できたら、「葉がこんな色になっていましたね」と良くない点についても聞いてみることです。例えたいした問題ではなかったとしても、生産者のためを思って言ったことについて気分を害されることは少ないと思います。

思考の癖を修正せよ⑤

事実を共有して、生産者の考えを引き出そう。圃場に行ったら、数えて、撮影してから話しかけるようにする。

営農活動を支援するための情報とは？

生産者の営農活動を支援するうえで、どのような情報を押さえておくとよいかを考えてみました。図表9では栽培計画を立ててから収獲・出荷までのプロセスを軸に取り、必要となりそうな情報をあげています。

ＪＡ内で必要な情報について話し合って認識を合わせることが重要です。なぜなら、学ぶべきことの全体像が共有されていると、若い職員が安心して勉強できるようになるからです。

生産者への働きかけと情報の蓄積の継続によって、産地が強くなっていくのではないでしょうか？

事業の経営で押さえるべき勘所を捉える

ここまで、ＪＡが生産者の営農活動や事業の成長を支援するうえで、真の課題解決、コミュニケーション、そして情報の蓄積が大切であることを述べました。しかし、ＪＡの営農経済事業では、様々な作物や形態の生産者を支援することが求められます。そのために事業の本質をつかむ力も求められます。

どのような事業にも、ココを押さえないと利益が出せないという事業の〝勘所〟があるものです。その〝勘所〟を柱として計画や施策を組み立てると、実行に関わる人の目的意識が強まって、進捗も管理しやすくなります。「あれも必要だ」「これも必要だ」と多くを盛り込んだ総花的な計画よりも、事業の勘所に焦点を当てた計画の方がわかりやすく、成果につながりやすいものです。

岩手のある農業法人の若手から次のような質問をされたことがあります。

「農業経営を学ぶために何を勉強すればいいですか？」

その人は、以前、焼き肉屋で働いていたと聞いていたので、私は次のように答えました。

「経営について学ぼうと思って調べてみると、経営戦略、組織戦略、マーケティング、財務、リーダーシップなどいろいろな科目があることがわかると思います。そして、それらを全部学べば経営ができるようになると誤解してしまうことがあります。焼肉屋さんを経営する場合に押さえなくてはならない勘所は何ですか？　例えば、仕入れる肉の質とその肉に合った料理、お客さんが立ち寄ってくれる立地、繰り返し来店してもらうための仕掛け、といったことが大切ではないでしょうか？そのためにはスタッフの育成や定着も必要ですし、全体として収益を成り立たせるためのお金の管理も大事になりますね。施設トマトを栽培する事業の勘所は、何だと思いますか？」

図表10　農業経営の勝ちパターン

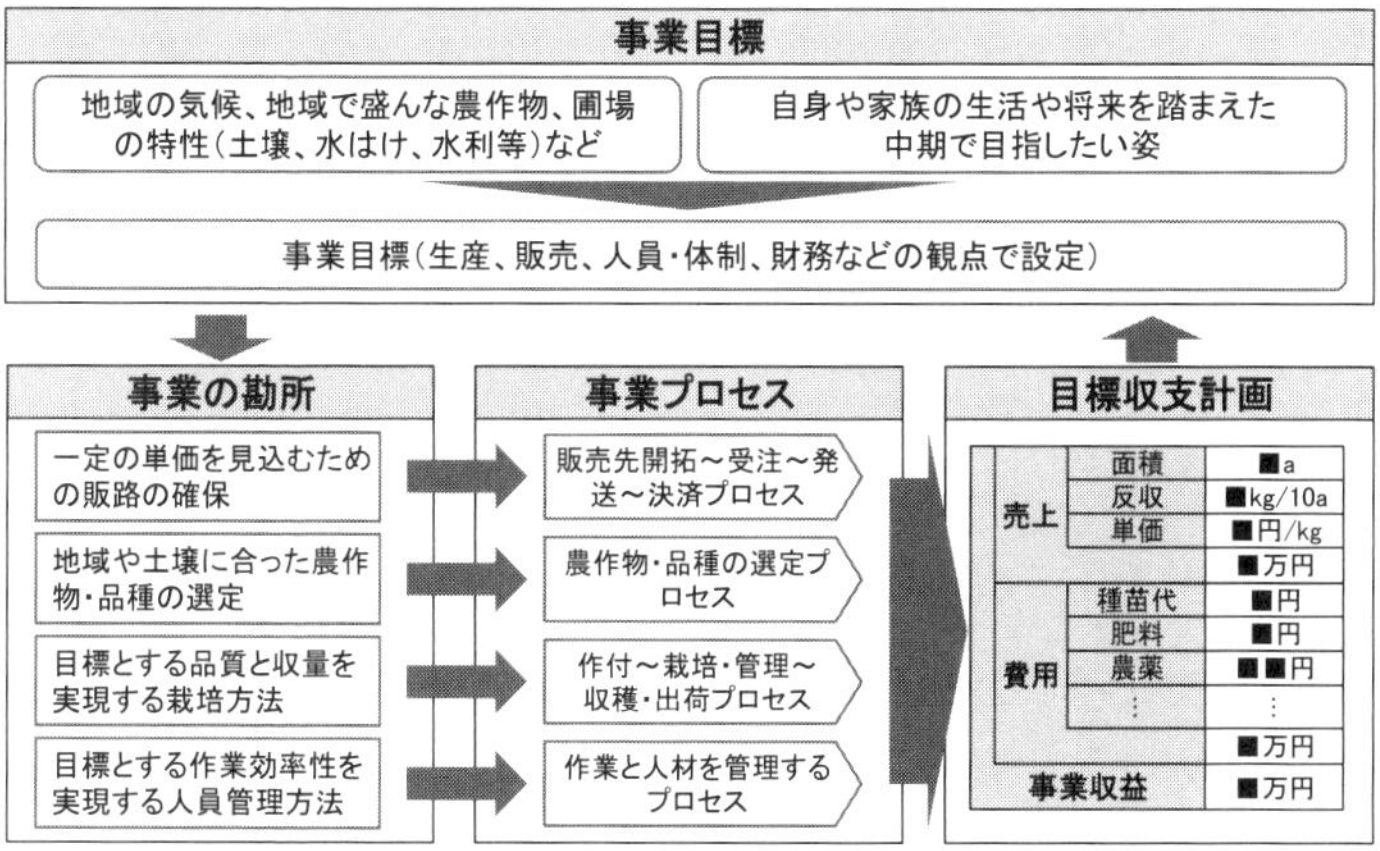

つまり、経営に必要な知識を得ることを目的とするのではなく、事業の勘所をシンプルに捉えてから、必要なことを学ぶ方が効率的なのです。学生の時は履修科目を網羅的に学習することが大切でしたが、社会人になったら自らゴールを決めて、そのゴールに必要なことを学ぶことが大切になります。

思考の癖を修正せよ⑥

必要な知識を揃えたら経営ができる、という意識を捨てよう。
事業の勘所を捉えてから、必要な知識を得るようにする。

農作物強化に不可欠な営農収益モデル（＝勝ちパターン）

農業の事業の〝勘所〟について考えていきましょう。

まず圃場を活かして、いかに収入を得るかを考える必要があります。事業の勘所としては、「一定の単価を見込むための販路の確保」、「地域や土壌に合った農作物・品種の選定」、「目標とする品質と収量を実現する栽培方法の確立」といった〝勘所〟が考えられます。また、人を雇って規模を拡大する場合は。「目標とする作業効率性を実現する人員管理」も〝勘所〟として重要となるでしょう。

作物ごとに営農収益モデル、平たく言うと「勝ちパターン」(図表10)をつくることで、効果的かつ効率的に農作物を強化することができるのです。

中期的に産地を育成・強化する

どの作物を対象に産地を強くしていくか?

特定の作物について考える前に、管内の作物の実態を確認したうえで、強化する作物を選ぶことも大切です。図表11では、横軸に生産者の人数、縦軸に生産者一人あたりの販売額を取っ

図表11　産地として強化していく農作物の検討と産地強化のステップ

産地として強化していく農作物の検討

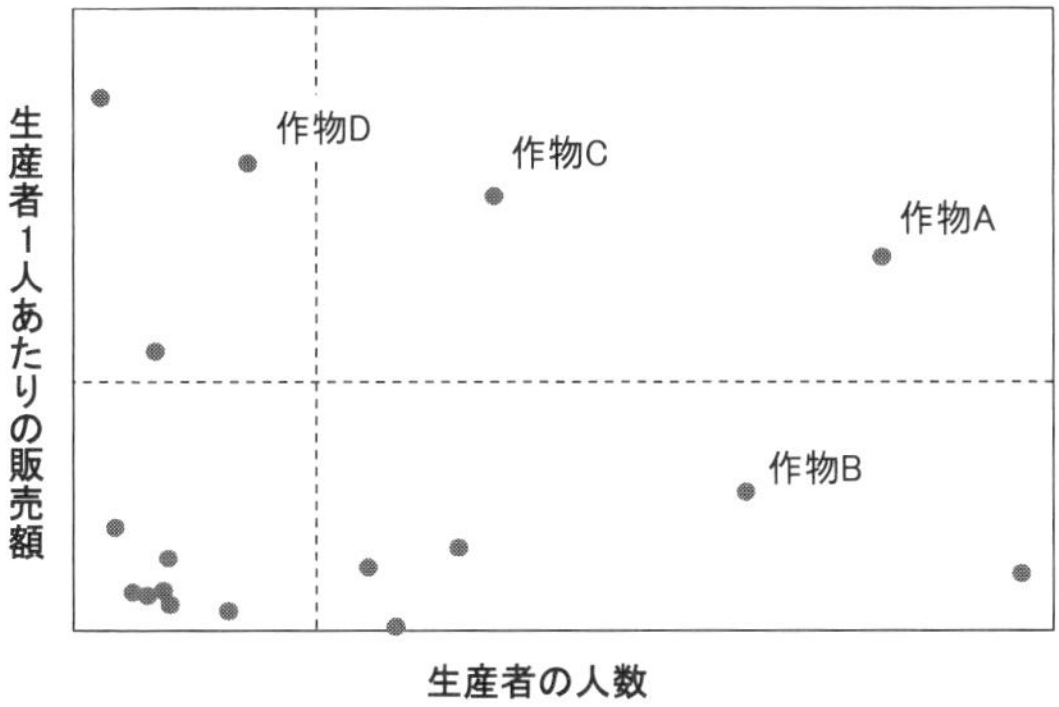

産地強化のステップ

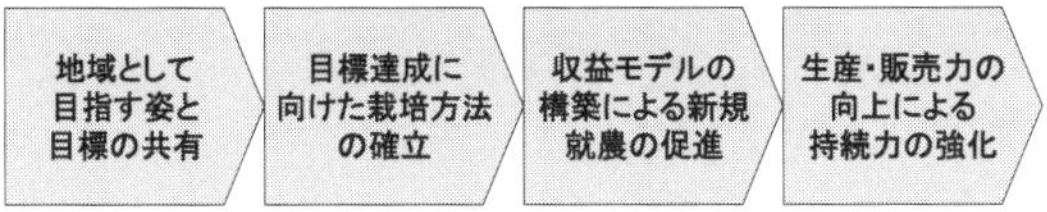

て、作物を点として分布を確認しています。縦軸、横軸の平均値（点線）によって、四つの象限に分けることができます。

右上の象限にある作物Aについては、どのようなことが考えられるでしょうか？生産者がたくさんいて、一人あたりの販売額も大きいことから、非常に強い産地のように見えます。

一方、生産者の数は多いものの、一人あたりの販売額が小さくなっている右下にある作物Bは、以前強かった産地が衰退しているのかも知しれません。

あくまでデータのみから想像したこ

とであり、実際には作物や生産者の状況を正しくつかむ必要がありますが、まずは事実をもとに全体像を共有することが大切です。

一口に「産地の強化」といっても、次のように様々なケースが考えられます。

―　産地として形成されつつあり、圃場の確保など生産者を増やす余地がありそうな場合（作物C）

―　生産者の数は少ないが、一人ひとりの生産者が一定の収入を得ており、仲間を増やすことで産地として成長してもらえそうな場合（作物D）

―　世代交代を進めることで産地を再び活性化できそうな場合（作物B）

中期的に産地を強化していくためのステップ

強化する作物が決まったら、中期的な取り組みを進めていく必要があります。産地を強化していくためのステップを図表11の下段に示しています。

最初に、「産地として強くしたい」という意志を持つ生産者と、目標について話し合うことから始めます。次に、地域として一定の反収や効率性を実現できる栽培方法を確立して、営農収益モデルをつくって新規の生産者を集め、最後に、地域としての生産能力やブランド力を高めるための投資を行いながら、産地が持続していける状態をつくっていきます。
各ステップのポイント、明確にしたいことを確認（✓）していきましょう。

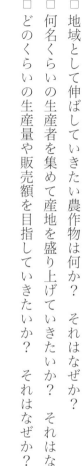

ステップ1　地域として目指す姿と目標の共有

ＪＡとして産地を強めたいと思っていても、地域の生産者の意識がバラバラではうまく進められません。特に、産地を再び活性化させる時は、過去の成功体験が邪魔になることも珍しくありません。次の世代を中心に目標を考えて、先輩生産者からの協力が得られるような状態をつくることも大切です。

□地域として伸ばしていきたい農作物は何か？　それはなぜか？
□何名くらいの生産者を集めて産地を盛り上げていきたいか？　それはなぜか？
□どのくらいの生産量や販売額を目指していきたいか？　それはなぜか？

ステップ2　目標達成に向けた栽培方法の確立

目指す姿と目標について共有できたら、目標とする生産量や販売額を達成するために、販売単価、反収、生産者一人当たりの面積などの管理指標と目標数値を明確にするとともに、その達成を可能とする経営管理や栽培の方法をノウハウにして共有していきます。

栽培方法をノウハウにするうえで大切なことは、作業をすべて共通化するのではなく、作物の特性を踏まえて、目指す状態とそのためのポイントを明確にすることです。なぜなら、生産者の圃場はそれぞれ異なるからです。また、作業にかかった時間を記録して、作業を重ねるごとに時間を短縮していくことも大切です。みんなでアイデアを出しながら工夫を積み重ね、作業を楽にする方法も確立していくことが大切です。

□販売単価、反収など管理すべき指標と数値は？
□押さえるべき作物の特性と栽培のポイントは？
□土壌や圃場の条件によって変えるべきことは何か？
□主な作業にかかる時間は面積当たりでどのくらいか？

ステップ3　所得モデルの構築による新規就農の促進

次に、生産者間の情報交換や適度な競争意識を促すような活動を支援しながら、所得モデルをつくっていきます。まさにＪＡの腕の見せ所です。

このくらいの面積で、このようなつくり方をした場合に、このくらいの販売額、費用、そして作業時間になり、このくらいの収入が得られ、時給換算するとこのくらいになります、という目安を形にしていきます。また、初級、中級、上級といったいくつかの段階に分けて、就農してから生産者として成長していくシナリオも考えます。

このような「所得モデル」や「成長シナリオ」は、新たに農業に挑戦してみたいという人にとって、有効な判断材料になるだけでなく、長く続けてもらえる原動力になります。

□他の職業も考慮して、生産者が求める収入はどのくらいか？
□目標とする収入を得るためには、どのような栽培活動が必要か？
□始めたばかりの生産者が、二〜三年ごとに着実にレベルアップしていくために踏むべき段階は？

新型コロナウイルス騒動によって、東京一極集中の問題点が浮き彫りになりました。すでに東京から地方に人が流れ始めています。その際に収益モデルがあれば人を呼び込むことができますが、つくっておかないと人は来ません。チャンスをつかめるかどうかは、準備にかかっているのです。

思考の癖を修正せよ⑦
チャンスは待っていてもつかめない。未来を予想して準備を進めた者だけが、チャンスをつかむことができる。

ステップ4　生産・販売力の向上による持続力の強化

所得モデルをもとに収益性の高い農業経営が実現できても、個人の努力では経営規模に限界が出てきます。育苗、収穫、選別、出荷といった作業を共同で行うことで、栽培面積を拡大して生産量を増やしていく必要があります。

これまでは、国や県が主導して、大規模な施設が建設されることも多かった印象ですが、これからは産地の身の丈に合った規模の機械や設備について、投資対効果やリスクを踏まえて意思決定をする力が求められるでしょう。

また、いくつかの販路を確保して販売戦略を立てることも重要です。大半を市場に出荷しつつも、一定の単価と量を見込む販売先を確保することで、平均単価を高める努力が必要です。

□生産者が最も負担を感じている作業は何か？

□負担の大きい作業を共同で行う方法はないか？
□投資対効果、リスクに見合う機械や設備はどのようなものか？
□農作物を高く買ってくれる実需者は誰か？何を求めているか？

◆中期的な見通しを持って、着実に進んでいこう

これまでのＪＡとの関わりから、「やるべきこと」よりも「やれること」を優先する傾向がやや強いと感じています。目先のことに集中することも大切ですが、ＪＡの幹部や将来の幹部になる職員には中期的な見通しをもって、「やるべきこと」を見極めていただきたいと思っています。

特に、グローバルでは自国のために食糧を確保する動きが強まっています。国産の農作物は貴重であり、価格も高くなっていくと思います。「いくらで買ってもらえるか？」と考えるのではなく、「いくらなら売ってもよいか？」を考えて、取引できる状況も来ると思います。

優良な取引先との関係を強め、生産者の所得を確保して、地域農業を強化・継承することにつなげていただきたいと思っています。

第二章　持続的に成長する農業法人をつくる

まずは組織力を高める

法人経営の基礎となるのは経営者と従業員の信頼関係

私が農業法人を支援して実感したことは、「通常の事業者の職場と同じだ」ということです。パートやアルバイトを雇用して事業を経営する際には、チーム運営が収益性に大きく影響します。チーム運営に必要な視点と組織の強さについて図表12に紹介しています。チーム運営に必要な四つの視点の関係は次のとおりです。ありたい姿を共有し、その実現に向けて計画や仕事を見える化し、仕事を分担するなど、チームが協力します。チームとして力を発揮するためには個人の成長も必要になります。そして、これらの活動を責任者による支援・指導が支えているという関係です。

組織の強さでは、チーム運営の四つの視点と関連する項目を丸太として、二枚の板によって積み上げられた状態を考えます。各項目が強いほど丸太は太くなり、四本の丸太がバランスを取りながら太くなって全体が高くなるほど強い組織と言えます。

図表12 チーム運営に必要な４つの視点と組織の強さ

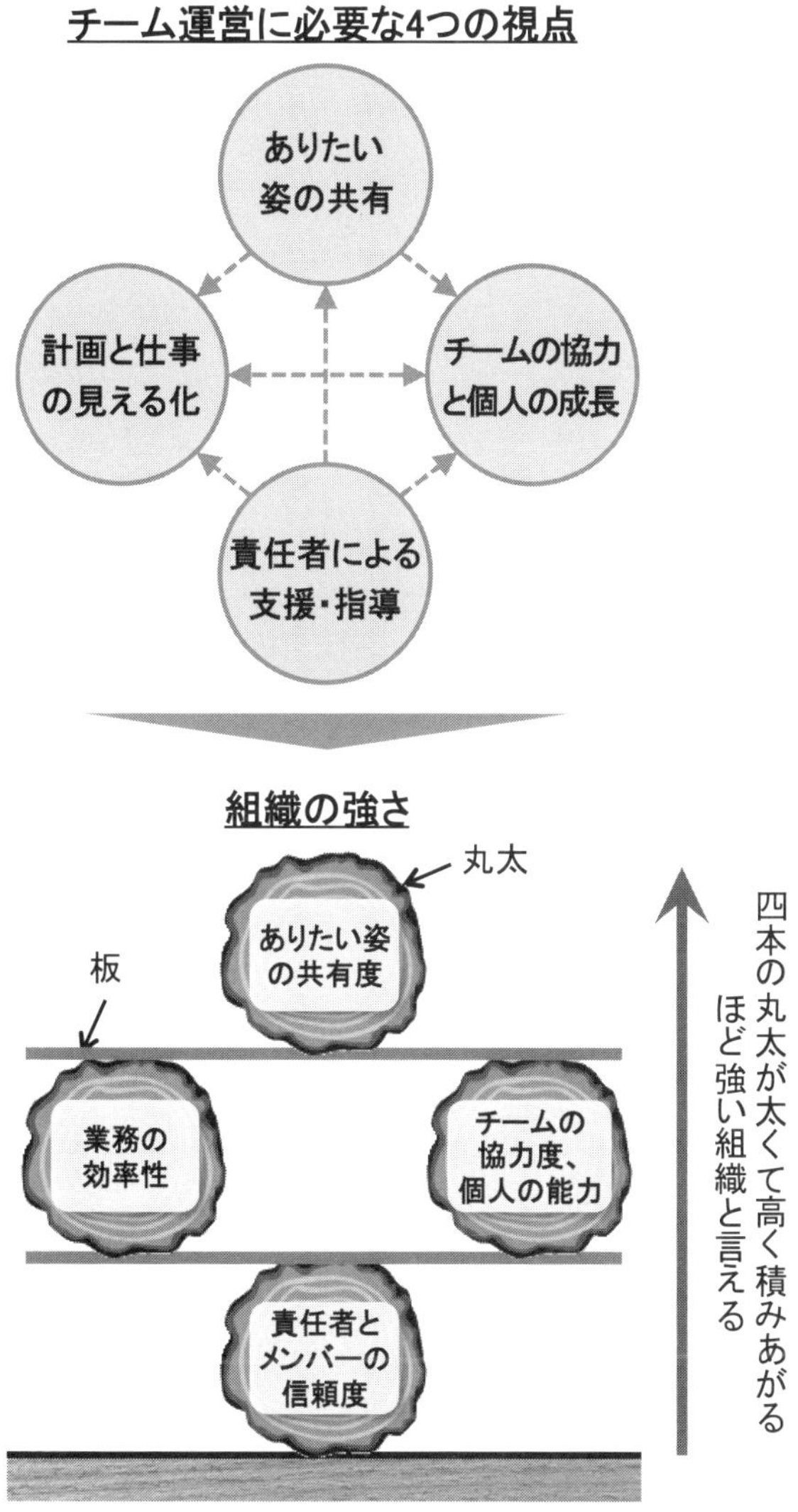

この図で組織の土台となっているのが、一番下の「責任者とメンバーの信頼度」の丸太です。この丸太が細いと他の丸太を太くしようとしても、全体を支えきれなくなります。飲食チェーンなどで業績不振に陥っている店では、責任者とメンバーの信頼関係が弱く、組織の力を引き上げることが難しい状況となっています。

最初に行うべきことは、認識を共有すること

何度も書いているように、まずは事実を見える化、共有することです。最終的には何らかの活動を進める必要がありますが、現状への認識を合わせ、新しい活動の必要性をみんなで感じない限り、納得感を持って進めることはできません。

この際に、チーム運営の四つの視点を使って、関係者で意見を出し合います。

最初に出し合うことは、これまでに「取り組んできたこと」や「改善に努めてきたこと」といった事実です。試行錯誤を重ねてわかってきたことなど、良かったと思えることは何でも挙げてもらいます。図表13にあるように付箋を使うことをお勧めします。付箋を一人ひとりに配って、少し時間を取って考えを書いてもらうことで、発言権が平等になり、発言する人が偏らないようにすることができます。

図表13 農業法人の現状と課題の共有

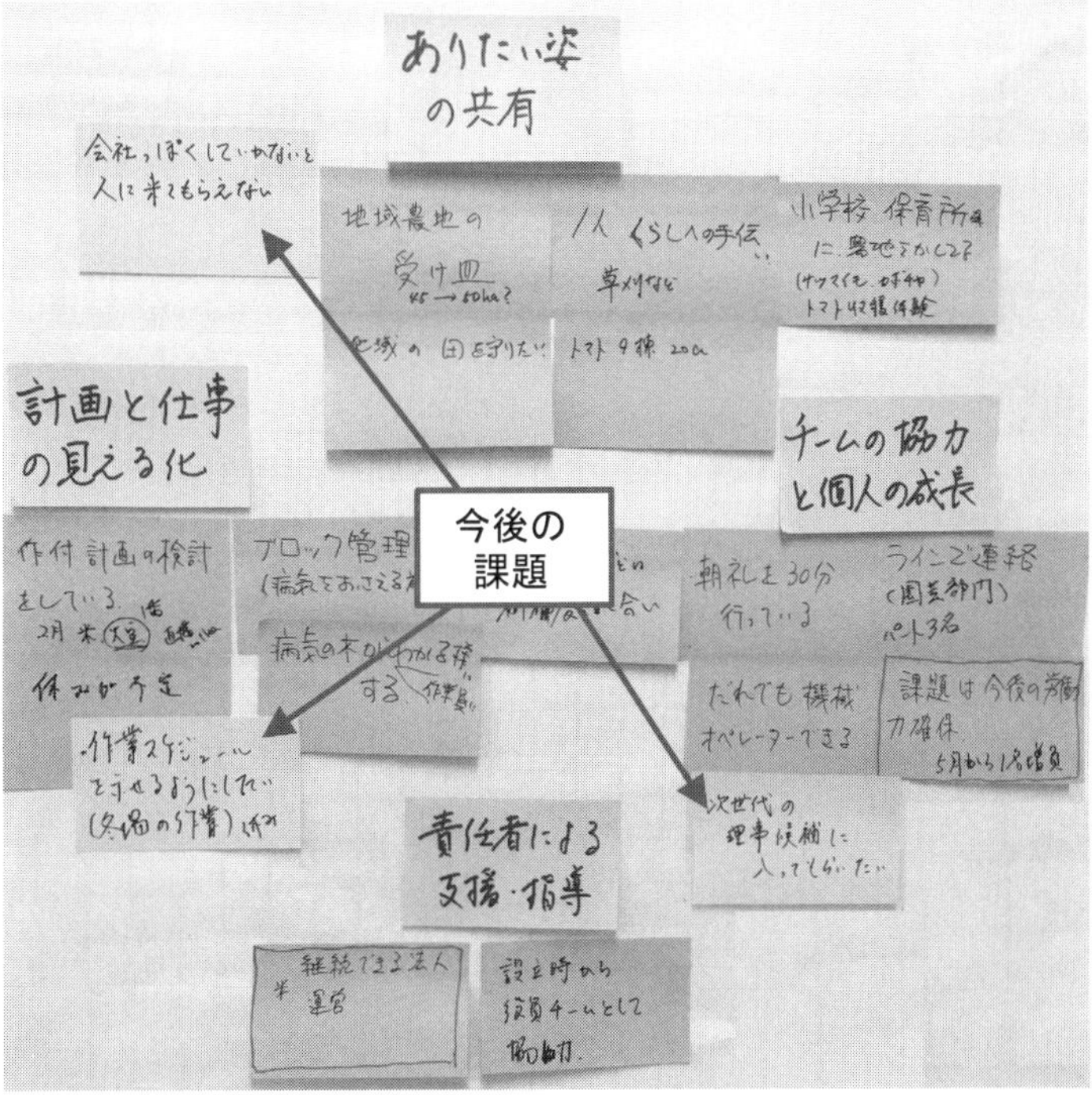

次に、これまでのことを確認した後に、「もっと良くしたいこと（＝課題）」について意見を出し合います。これまで取り組んできたこととつながった適切な課題が出されることが多くなります。

　このような話し合いを始めると、改善点や弱みについての意見がいきなり出てくることも珍しくありません。みんなが頑張れば結果がついてきた成長期の悪い癖だと思います。日本人は謙虚な姿勢を好むことも影響しているのかも知れませんが、先に悪い方から入ると批判的な気持ちが強まり、犯人捜しが始まってしまうこともあります。
はじめに過去の取り組みや強みを事実として共有し合うことで、前向きで建設的な話し合いを進めることが大切なのです。

思考の癖を修正せよ❽

「良かったこと」を具体的にたくさん出してから、「もっと良くできること」を出して前向きに話し合っていこう。

農業法人の収益を拡大するうえで、必須となる組織力

近年進められてきた法人化は、税制面の優遇などの制度上のメリットを活かして経営基盤を確立することで、収益の拡大や持続性の向上につなげようという狙いだと理解しています。しかし、ここには大きな落とし穴があります。期待されるような発展の道を進むためには、相応の準備が必要になるからです。

図表14に農業法人が成長していく際の段階論を示しました。最初の二つの段階の農地集約と法人化までは、必要なヒト、モノ、カネを揃える、いわばハード面の強化が中心となります。

図表14　農業法人の発展と組織力強化の位置づけ

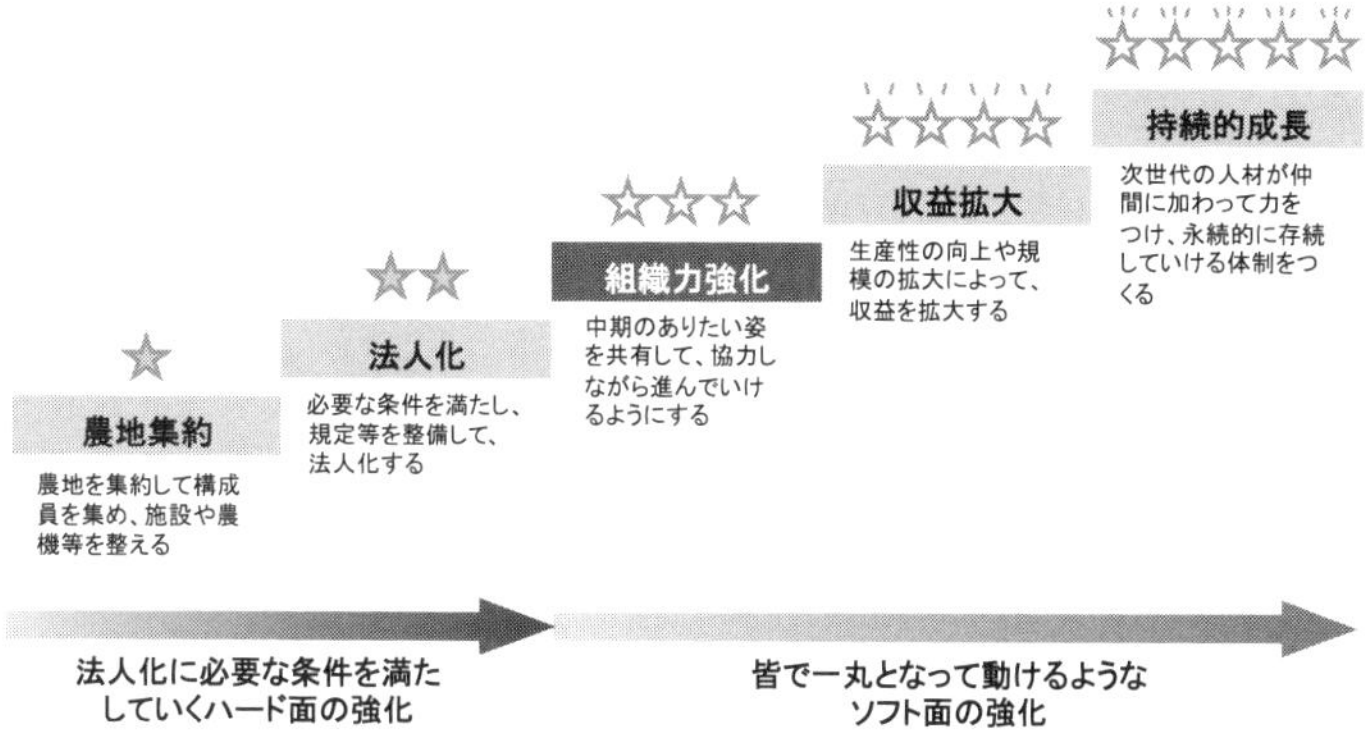
持続的成長
次世代の人材が仲間に加わって力をつけ、永続的に存続していける体制をつくる
収益拡大
生産性の向上や規模の拡大によって、収益を拡大する
組織力強化
中期のありたい姿を共有して、協力しながら進んでいけるようにする
法人化
必要な条件を満たし、規定等を整備して、法人化する
農地集約
農地を集約して構成員を集め、施設や農機等を整える
法人化に必要な条件を満たしていくハード面の強化
皆で一丸となって動けるようなソフト面の強化

三つ目の段階として、収益拡大や持続的成長へと向かうための「組織力強化」の段階があります。この段階では、中期のありたい姿を共有してチームとして目指すことができる状態をつくります。つまり、ここからは法人で働く人たちの信頼関係や協力関係の強化、いわばソフト面の強化が重要になってきます。

この段階の重要性と難しさを、集落営農の農事組合法人を支援したことで学ぶことができました。農業法人にはいろいろな人が属しています。農業一筋の方、定年を機に農業法人に入った方、農家の後継者、農業に興味を持って転職してきた方などです。そして、栽培や作業などのスキルやその根底にある考え方も違っています。集落営農の場合は、みんなが近くに住み、幼少期からずっと近くで暮らしてきた人も多く、「あいつのやり方は気に食わない」「昔からああいう性格だから、言っても無駄だ」といった愚痴を耳にすることもあります。つまり、向いている方向が揃っていないため、最初に信頼関係の強化やベクトル合わせが必要になってくるのです。

チーム運営の「型」をつくる

農業法人が実践したチーム運営の「型」とは？

ベクトル合わせによって、前向きで建設的な話し合いができるようになると、「作業の効率を上げたい。そのためにもコミュニケーションを取るべきだ」といった意見が出てくることも珍しくありません。組織の運営を強化することへの問題意識が芽生えた瞬間です。この時こそ、組織を効果的に運営する「型」をつくるチャンスです。

一般的に組織の運営方法は属人化しやすいと考えています。例えば次のような状況は想像できるでしょうか？

管理職になって部下を数人持つ立場になった時、前任者とは考え方や性格が異なることもあ

図表15　3つのチーム運営活動

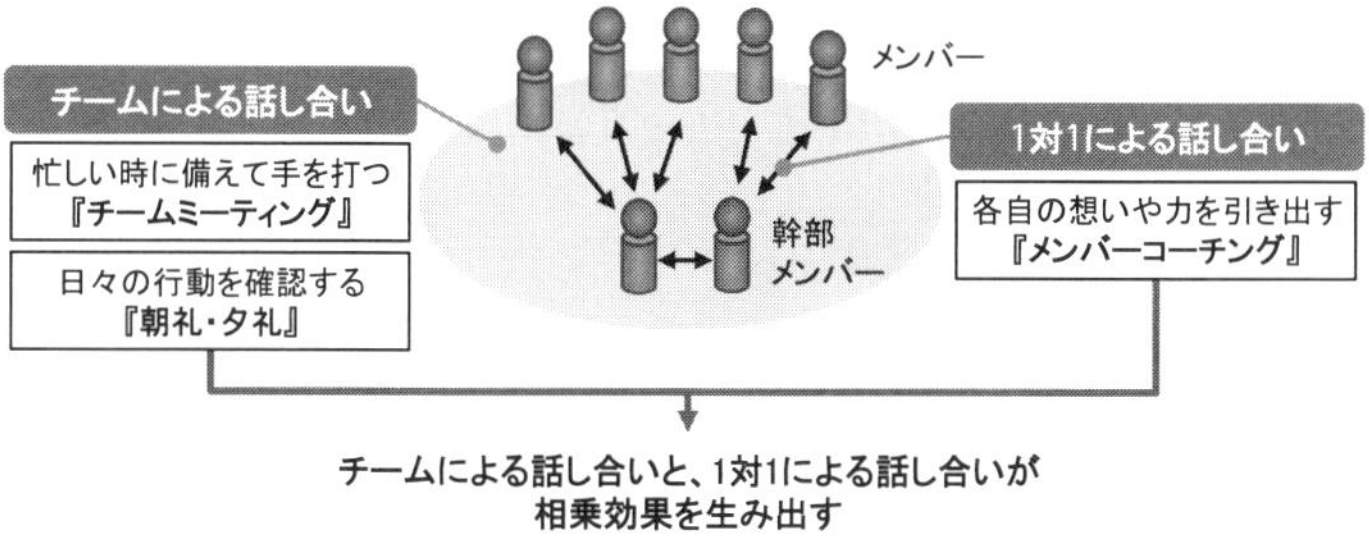

ります。「（前任者のことは気にせず、）これからはご自身の持ち味を発揮して頑張ってください」などと、ベテランの部下からも勇気づけられます。今まで自分がついた上司から学んだことも思い出し、四苦八苦しながら自分なりの方法を考えていきます。

要所を押さえて組織をうまくまわせるようになればよいのですが、自らの運営方法を編み出せず、〝ダメな管理職〟の烙印を押されてしまうこともあります。また、自分なりに運営スタイルを確立できていたとしても、異動で部署が変わった場合、一定期間は様子見状態が続き、少なからず混乱が生じたりします。

このようなことを避けるために、チーム運営の「型」が必要ではないかと考えるようになりました。チーム運営の「型」が組織に浸透すると、管理職の成長を促すことができ、組織や人員配置の変更時の混乱を最小限に抑えることができます。

私が考える組織運営の「型」は難しいものではありません。農業法人には、図表15のチーム運営の三つの「型」を実践していただきました。

忙しい時期に備えて「心配事」を洗い出して対策を決める『チームミーティング』と、日々連携して実施すべきことを確認していく『朝礼・夕礼』の二つが、チームとして話し合う活動です。そして残りの一つは、責任者や幹部がメンバーの想いや力を引き出すために一対一で話し合う『メンバーコーチング』です。

これらの方法は、私がサービス業で働いていた時の経験や、スターバックスコーヒーなどの優良企業で実践されている仕組みなど、経営コンサルティングで得てきた知見をもとにして考案したものです。本当に重要な部分以外は徹底的にそぎ落とし、シンプルな活動とすることで、どのような組織でも実践できるものにしたいと考えました。

◆忙しい時期に備えて振り返る『チームミーティング』

三つの活動のうち、『チームミーティング』について少し紹介します。田植えや秋の収穫といった忙しい時期に備えるために話し合います。具体的には、「起こってしまうと困ること」、「不安なこと」、「わからないこと」などを心配事としてみんなで出し合って、その対策を決めて実行していきます。

図表16 **チームミーティングの討議イメージ**

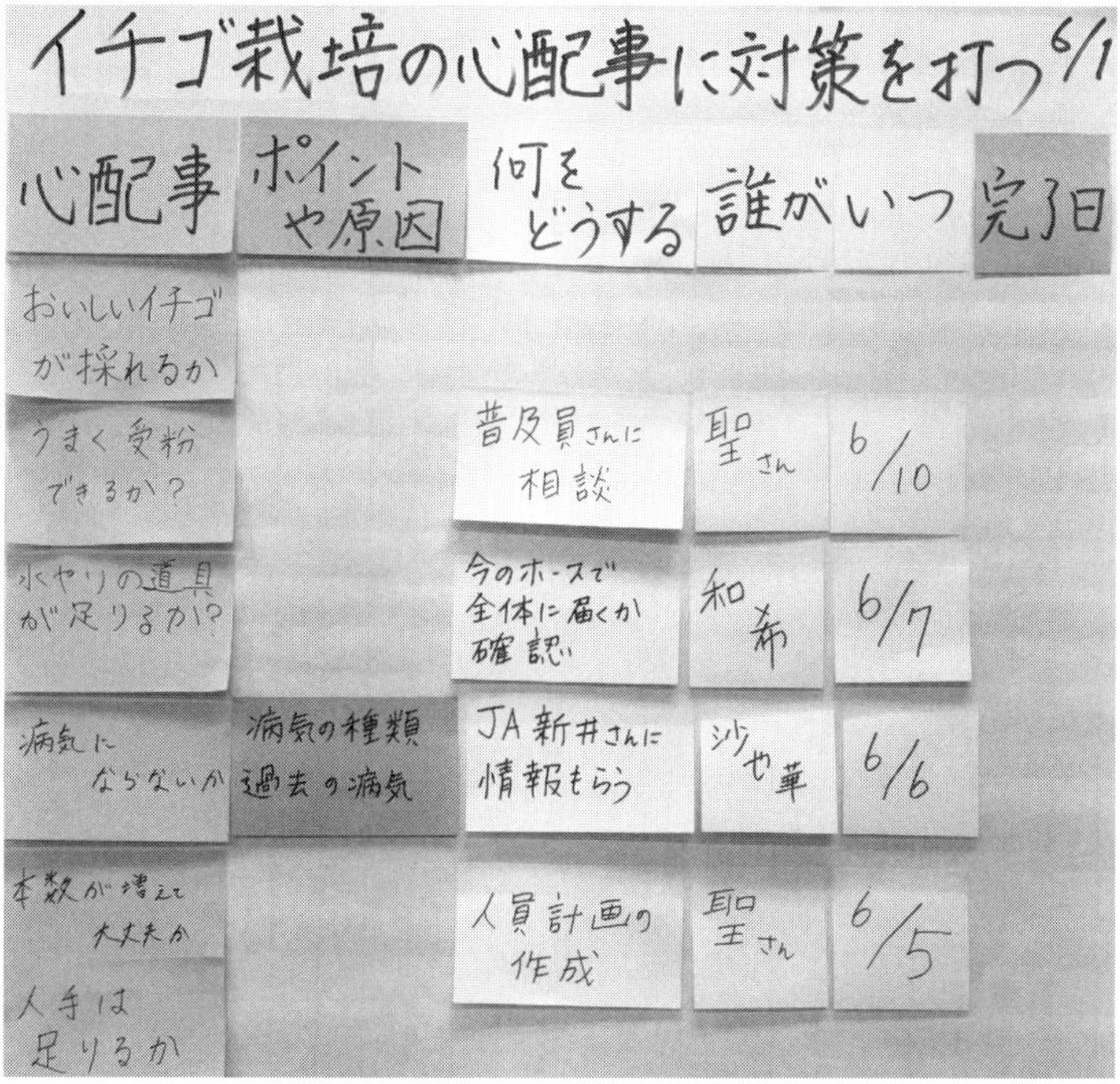

図表16のように、一番左に「心配事」、一つ飛ばして「何をどうする（=実施すること）」「誰が」「いつ」という流れで話し合い、完了したら「完了日」を記入します。

「ポイントや原因」を飛ばしましたが、何を実施していいのかわからない時は、心配事を引き起こす原因やうまくことを運ぶためのポイントについて考えてみると、打ち手が見えてくることが多いです。この「原因やポイント」は、若手の成長を促すうえでもとても重要です。作業を表面的に覚えるのではなく、その根幹にある考え方や理論を学ぶことができるからです。

「学ぶ」と言えば、忙しい時期を乗り越えた後の振り返りも大切です。振り返りによって、次回の栽培においても継続すべきことと改善すべきことが明確になります。チームミーティングは「備える」「進める」「振り返る」という一連の流れの中で実践できるようになっています。

このチームミーティングは、新しい作物の栽培にチャレンジする際には特にお勧めしたい。製造業で新しい工場を立ち上げたり、新しい製造ラインを導入したりする際にはリスクマネジメントを徹底します。リスク発生による生産の遅れは致命傷になることもあるからです。

考えられるリスク、つまり心配事をつぶすことが非常に大事なのですが、「心配事を出しましょう」と投げかけた際、「やってみないとわからない」と言われてしまうことも珍しくありません。特に農業に関わっている方に多いように感じます。このような考え方こそが、農業産業を弱くしているのです。

思考の癖を修正せよ⑨

準備段階で「やってみないとわからない」という言葉は禁句。
事前にどこまで考え抜けるかで、結果は大きく変わってくる。

多くの農業法人で見られた変化

コミュニケーションの機会が増えることによる変化

東北地方で行った農業法人の組織力向上の支援は、集合研修と実践研修の二段構えとしていました。最初に、農業法人の幹部が集合研修に参加し、四つの視点をもとに認識を共有してチーム運営の「型」を習得します。その後、実地での支援のもとで全員参加の活動を実践していきました。

集合研修では、好き勝手話す場面もありましたが、幹部の方々にしっかり取り組んでもらえそうだという手ごたえがありました。地域や農業の発展のために取り組もうという強い熱意を感じたからです。意志があればスキルは後からついてきますが、能力が高くても意志が弱いと効果が出にくくなります。うまいへたは別にして、宮城や岩手の農業法人の幹部の方々には一生懸命取り組んでいただきました。幹部の真剣さは法人全体に伝わるものです。

実践研修の最初の頃は、付箋に意見を書くことや自分の意見を言うことに慣れていませんでしたが、徐々に慣れてきて大切なことも話し合えるようになっていきました。みんなの「もっと良くしたい」という意識が強まり、休憩中の会話も変わってきました。

向かっている方向が合ってくると作業の効率も向上します。ある法人の代表者は「生産性が倍になった」と喜んでいました。「みんなが協力して動けるようになった」「各自の自主性が高まった」「メンバーがやりたいことがわかって、仕事を任せやすくなった」といった声もありました。

二十以上の農業法人を支援していて気づいたことがあります。それは、定年就農などで法人に入った方は、一般企業や役所で働いていた経験があり、このような活動を望んでいるということです。勘と経験と度胸（KKDとよく言われている）では農業の未来は暗いと思っている人も多いのです。しかし、農業一筋の方に対しては、どうしても遠慮気味になってしまいます。組織力向上の取り組みは、そのような人々が普段思っている問題意識を解き放つ活動でもあると思いました。

組織の運営が良くなると収益も良くなる

このような考え方を使って、農業法人の状態を把握し、法人の経営者に対して経営面の指導

図表17 ある農業法人で起こった変化の例

＜状態①＞
- 代表者が当面の作業の計画を考え、従業員には特に共有されていない
- 毎朝当日に行う作業と従業員の分担が発表される

＜状態②＞
- 少なくとも1カ月先までの作業計画表と特に大切な作業と期限が従業員に共有されている
- 毎朝の作業指示に加え、作業終了後に特に大切な作業の完了状況と今後の対応について話される

を行うことは有効です。例えば、図表17のような農業法人の変化の例を考えてみます。

変化前の状態①では、作業計画は代表者の頭の中だけにあり、状態②では、作業計画が見える化されて、掲示物や配布物によって従業員に共有されています。

状態①から状態②のように変わった時どうなるでしょうか？　収益はどのように変化するでしょうか。

あくまで経験則ですが、このような変化が起こった場合、売上の一〜二割程度の利益が増えても不思議ではないでしょう。例えば、売り上げが三千万円の法人であれば、利益が少なくとも三百万円増えてもおかしくないのです。

状態②では、みんなが協力して計画通りに作業を進めようとするため、適期作業によって収量が増え、売り上げが一〜二割くらい向上します。さらに、従業員の努力や工夫を引き出すことができれば、作業の無駄が減ることで費用も抑えられるという試算です。

実際に状態②のように変わった時、休憩時間の従業員の会話も変わってきます。「どうしたら期限までに作業を完了させられるか」「もっと良い方法はないか」といった会話が日常的に交わされるようになるのです。

もちろん農業法人の状態によって異なりますが、すでに状態②にある場合でも、次に目指したい状態③が必ずあるものです。これまでに二十以上の農業法人を支援させていただきましたが、農業法人の方々に次の段階を考えてもらって、確実に収益をあげてもらえることがわかりました。

ＪＡが農業法人を支援する力を身につける

ＪＡが農業法人に提供できるメリットは大きい

農業法人では個人経営の農家よりも経済的なメリット、つまり「どれだけ儲けにつながるか」が重視されます。代表者や幹部の方の「みんなの所得を確保しなければならない」という意識は強いからです。

「農業法人に出向いて利用率を高めよう」という取り組みでは、経済的なメリットを提供することを目指すべきだと思っています。ＪＡを利用せずに、資材を少しでも安く売っているところや作物を少しでも高く買ってくれるところに流れるのは無理もありません。法人に所属する人たちの生活と地域農業の未来がかかっているのですから。

そこで考えていただきたいのは、図表17のような変化が起こった法人の場合、資材を安く売りにくる業者によって節約できる費用はいくら位でしょうか？作物を高く買ってくれる卸が上乗せしてくれる売り上げはいくら位でしょうか？利益増三百万円に比べて、どのくらいの効果がありそうでしょうか？また、資材の販売業者や卸は収量を増やすようなアドバイスをどのくらいしてくれるでしょうか？

ＪＡが組織の運営に関して適切に助言できるようになった時、ＪＡは最も重要な存在になると信じています。

時折、「農協の言うとおりにやったが失敗した」という生産者の声を耳にすることがあります。とても残念な気持ちになるし、その過程で互いに何か学べたことはなかったのだろうかと思います。

思考の癖を修正せよ⑩
農業法人の組織の運営に目を向けよう。
組織をうまく運営できる状態に変えられた時の経済的なメリットは想像以上だ。

現場の動かし方にはコツがある

農作物や産地の強化と同様に、農業法人の強化においても生産者を動かすことが必要となります。農業法人に組織力の強化に取り組んでもらうために、私が肝に銘じたことがあります。それは次のようなことです。

「当たり前だと思うことが、相手にとって当たり前とは限らない」

例えば、「計画を立てましょう」「日誌をつけましょう」と連呼しても仕方がない。あるべき論や理論を振りかざしても現場は動かないのです。「計画を立てましょう」と言うと、「天気次第だ。天気で作業が変わるんだ。（だから計画を立てても無駄だ）」と返ってくることも珍しくありません。ところが、先々の心配事を洗い出して、複数の作物の作業が重なることがわかると、「修正することもあるだろうけど、計画表をつくった方がいい」という意見も出てきます。

そのような状態になると、「計画表があると、まだ経験の浅い若手の不安も減って、成長も早くなるのではないでしょうか？」といった投げかけにも耳を傾けてもらえるようになります。若手メンバーは大切な未来の担い手です。特に幹部の方は彼らの給与のことも気にしています。

「収益力がついたら、農地の一部を若い方に任せ、自由に作物をつくらせて、得られた収益の一部を給与に還元することもできるかも知れませんね。そのために、作物ごとの収益を正確に把握する必要がありますね。また、任せた農地以外の作業が疎かにならないように気をつける必要がありますね。作業計画を立てるとともに日誌をきちんとつけることも大切になりますね。」

このような内容で話をしたところ、幹部の方々の目の色が変わりました。若い人に末永く働いてもらいたいという気持ちが伝わってきました。

農業法人の当事者たちが自分達で考えて動き、そして変わっていく過程を見ながら適切なヒントを示していくことが大切なのです。

成長の道筋を立てて、先を予想する

農業法人の変化に応じて支援していくためにも、ＪＡの職員には先を読む力のためのノウハウが必要だと思っています。図表18に示したのは、三つのチーム運営活動を進めていくことで起こってくる変化です。

チームミーティングで心配事を出すと、計画を見える化する必要性が生まれ、作業を効率化したいという気持ちが強まります。メンバーコーチングで個人の想いが確認できると、責任者として何かを任せることもできます。図表18の右の方に進んでいくことで収益拡大の基盤が形成されていきます。

このような成長イメージをもとに先を見据えながら、次のようなノウハウを提供できると良いと思っています。

・栽培・出荷計画の見える化　・日々の記録と活用　・作業の効率化
・責任者の決定　・ありたい姿の明確化　・収益性の向上

JA江刺の荒井課長は農業法人支援を経験した後、園芸課でチームミーティングを実践してくれました。和気あいあいとした雰囲気で、チームとして一丸となってゴールを目指そうというミーティングが行われていました。

自分たちで実践して、効果を実感しているからこそ説得力があります。「自分たちも実践している」「こんな効果がある」「ここは難しい。いつも苦労している」といったことが言えるこ

図表18　より具体的に見えてきた成長イメージ

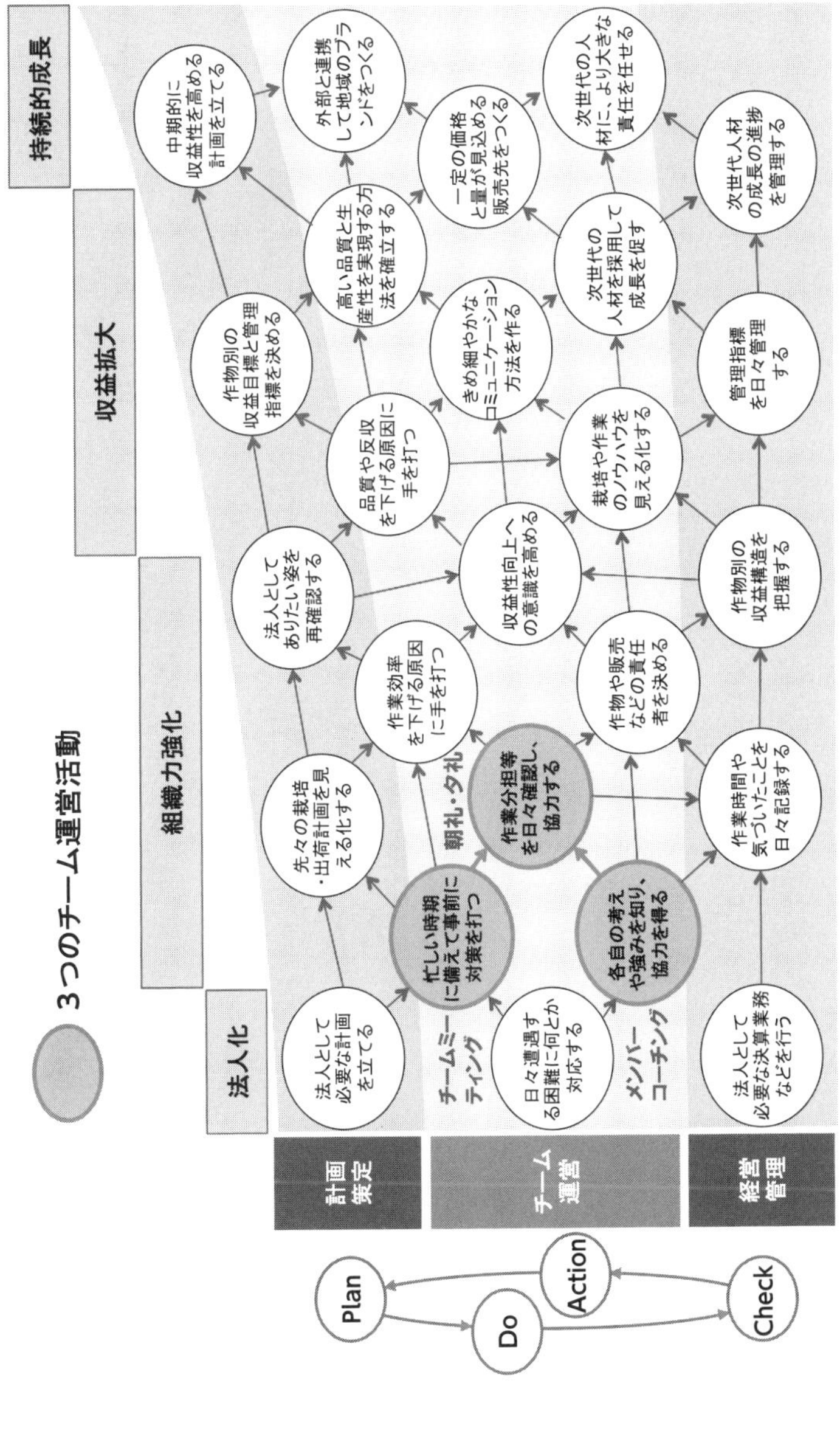

とで信頼関係がより強まるはずです。

「できるかどうか」ではなく、まず「やってみること」も大切なのです。

「ＪＡの支援があるから、法人として成長することができる」と言ってもらえるような状態をつくることも夢ではありません。

思考の癖を修正せよ⑪

できるかどうか考え込むくらいなら、やってみた方がよい。やらないことの正当性を探していることに気づいたらなおさらだ。

対談一
プロレド・パートナーズ
佐谷社長との対談（前半）

プロレド・パートナーズ
代表取締役　佐谷 進 氏

経営コンサルティング業務や不動産の取得・運用業務に従事した後、2009年12月株式会社プロレド・パートナーズを創業。代表取締役就任。2020年4月東証一部に市場変更。現在は環境コンサルティング・PEファンド運営も手掛けている。

ジェミニ・コンサルティング・ジャパンでの出会い

大國：初めて佐谷さんと会ったのは、確か二〇〇二年の四月でした。ジェミニ・コンサルティング・ジャパン（以下、ジェミニ）に新卒で入社されたわけですが、その前にも少しご縁があったようですね。

佐谷：はい。大國さんがいらっしゃった三和総合研究所（以下、三和総研）の集団面接を受けました。大國さんの同僚で一緒にジェミニに転職してこられた方に会いました。集団面接で出会った学生の中には、アステナホールディングスの岩城社長がいたり、三和総研の試験がとてもユニークなものだったので、とても思い出深いです。

大國：私も三和総研は好きでした。転職活動中に野村総合研究所も受けていたのですが、面接してくれた方々が魅力的で、結局その一人とジェミニに移籍して、会社を設立することになりました。

佐谷：眞木さんですね。私たち新入社員の印象はどうでしたか？

大國：三和総研から転職してきて、ジェミニは東大、京大出身者が六割くらい占めていて、スタンフォード大学やハーバード大学出身の方もいました。私は、高校野球も出場していないのに、いきなりメジャーに来てしまった野球選手のようでした。みなさんのこともちろん覚えています。みなさんは、五百倍以上の高い競争倍率を勝ち抜いた優秀な若者という印象でした。しかも、「東京芸大から採用するってすごい」って、良い意味で衝撃的でした。私たちは、ジェミニでは少し異質な存在だったのではないかと思いますが、佐谷さんからみた印象はどうでしたか？

佐谷：シックスシグマのチームがあると聞いた時、新卒時にビジネスもわかっていない中で、ぼんやり思ったのは、ソリューションだけで一つの部門がつくれるのだと思いました。当時「何でもできますよ」というコンサルティング会社が多かった中、ソリューションに知識ある（ゼネラリストではなく）スペシャリストという方向もありなんだなと思いました。プロレド・パートナーズ（以下、プロレド）もスペシャリスト集団ですが、当時もニーズの高い分野で、そういうやり方はあるんだなと思った記憶があります。

大國：一年目でそのようなことを考えるなんて流石ですね。コンサルティング業界について十分調べずに飛び込んできた私とは違います。

佐谷：いえいえ一年目なので、何もわからない中で若手の勝手な想像という感じでした。でも、ジェミニが何かに特化したチームをつくったということは、ビジネスにおいて差別化していきたいのだなと思いました。

大國：そのように思った背景について、もう少しお聞きしたいですね。

佐谷：就職活動では、「なぜうちの会社を受けたのか？」ということを必ず聞かれました。でも、そこまで明確な違いはないと正直思っていました。僕も含めた多くの学生は、どこのコンサルティング会社でも良かったのですが、ジェミニがチームを組成して色を出したということは、採用で学生にアピールするというより、お客さまに違いを見せるための戦略なのだと思った記憶があります。

大國：二〇〇〇年代初めの頃からコンサルティング会社は、単にレポートを提出するのではなく、成果を出すことが求められ始めていたように思いますね。

佐谷：結局、いつまで同じオフィスにいたのでしょうか？

大國：部門分社してジェネックスパートナーズ（以下、ジェネックス）を二〇〇二年十一月に設立したのですが、その後一年間居候させてもらったので、二〇〇三年十月末までです。一緒のオフィスにいたのは一年半くらいですね。

◆ これまでの二人の歩み

大國：別の道を歩み出してからもう二十年ですね。私はジェネックスで七年、独立してはや十三年になります。ジェミニは、二〇〇三年にブーズ・アレン・ハミルトン（以下、ブーズ）と合併しましたが、佐谷さんはどのような道を歩まれたのですか？

佐谷：ジェミニとブーズで二年、ジャパン・リート・アドバイザーズ株式会社に四年半勤めた後、二〇〇九年にプロレドを創業しました。二〇一八年に東京証券取引所　マザーズ市場へ株式上場し、二〇二〇年に東京証券取引所市場第一部に市場変更しました。

大國：ジェミニがブーズと合併して、いろいろ刺激を受けたのではないでしょうか？ブーズも歴史のある戦略系のコンサルティング会社でしたし、両社が統合したことでマッキンゼー・アンド・カンパニーやボストン・コンサルティング・グループとも十分張り合える会社になると思っていました。佐谷さんはブーズでどのような経験を積まれましたか？

佐谷：社名がブーズに変わりましたが、現場のコンサルティングは変わらなかったように思います。私自身はリサーチ、マーケティング、BPR（ビジネス・プロセス・リエンジニアリング）、コスト削減などを手掛けました。福岡のプラント工業の会社の全社改革（BPR／コスト削減）を担当しましたが、今、少しは役に立っているのかなと思います。

大國：企業や事業の経営の基本を習得されたようですね。プラント会社の変革の事例は私たちも参考にさせていただきました。良いプロジェクトに入って、コンサルタントとしてこれから価値を出していけるようなタイミングのようにも思えるのですが、退職して不動産に投資する投資信託（リート）の運用会社に転職されたのですね。リートが日本で普及していった時ではないかと思いますが、その後独立されたのですね。

佐谷：はい。独立したころはリートの調子が良い時期で、リーマンショックの影響もありましたが、私がいた会社は疲弊したファンドを買収するなど業績を伸ばしていました。同僚からは「調子が良いタイミングでなぜ辞めるの？」と言われました。

大國：やはりそうでしたか。

佐谷：リートの業界は調子の良い時でしたが、当時はコンサルティング業界は厳しい状況だったと記憶しています。それなのに、ジェネックスを辞めて独立したのですね。独立した理由は何ですか？

大國：ジェネックスでは、「自社を変革させたい」「成果を出せる次世代の人材を育てたい」といったご依頼をいただけたことで、大変貴重な経験を積ませていただきました。私はメガバンクへの支援も担当していましたが、リーマンショックで大きな影響を受けました。経営メンバー（パートナー）として業績悪化に責任を感じたことと、そろそろ自分で事業を経営したいと思っていたところに、お客さんから「大國さんは独立しないの？」と言われたことも背中を押してくれました。佐谷さんは二〇〇九年十二月にプロレド・パートナーズを創業したのですね。私が独立したのと同じくらいの時期ですね。

佐谷：経済の状況が悪い時こそ、独立のタイミングだと考えていました。経済状況の良い時につくったビジネスモデルでは、いざ潮目が変わったときに勝てなくなってしまう。厳しい時に勝てたら、良い時にはもちろん勝てるだろうと決断しました。

大國：実は私も「世の中の状況が悪い時に会社を興す方が、その後は勢いに乗れる」と話すことがあります。佐谷さんも、私のように背中を押されたようなきっかけがあったのですか？

佐谷：ジェミニの時に知り合った経営者、家電量販店コジマの小島代表と年一回食事をしていて、二〇〇八年に手伝ってくれないかという話になりました。提案書を書いて一年越しでお会いしたら、良いから現場にも話してほしいと言われたので、休みの日を使って、少しお手伝いしたところ喜んでいただけて、「もっとやってほしい」と望まれて独立へと動きましたた。実は、もともと独立したいという気持ちがあったので、会社の登記だけは先にしていました。

大國：なるほど、最初から起業を視野に入れていたのですね。二十代でそのようなしっかりした考えを持っていらっしゃったんですね。もしかして、幼少期から何か考えていたのですか？

佐谷：確かに小学生のころから経営者、それも「大きな会社の経営者になりたい」と思っていた記憶があります。小学生ながら憤りを感じることも多く、社会を良くするには経営者しかないと思っていました。

◆コンサルティング会社としてのこだわり

大國：プロレドで成果報酬という報酬体系を選んだ理由について、もう少し聞かせていただけますか？

佐谷：リート運用会社で、商業施設開発に携わっていた時のことです。リーマンショックの影響で投資先の商業施設のテナントの多くが撤退したいと言い出す中、そのうちの一つである食品スーパーは一番収益の低い店舗が、貸主と長期契約を締結していたため撤退ができませんでした。そのため他の店舗を複数閉店することになりました。地域の食のインフラを支えるために価値を提供するスーパーが赤字で苦しみ、従業員や地域の方に苦しい思いをさせてしまったと感じました。同じ一億円の利益を出すのでも、提供するものによって「価値」は変わります。世の中へ提供した「価値」に対して、それに見合った対価が提供される社会にしたいと、成果報酬のビジネスモデルを選択しました。

大國：同じ金額であってもどのような役務を提供するかによって、その対価が異なるということですね。そういった意味では、コンサルティング業界の方が事業に直接働きかける訳ですし、成果報酬でもおかしくないですね。

佐谷：以前のコンサルティング業界では、成果に関係なく一定の報酬が支払われる固定報酬型が一般的で、報酬は発生するが実際には計画が実行されない、構想のみのプロジェクトも多かったと思います。

大國：私たちがいた戦略系のコンサルティング会社の仕事は、中長期の戦略策定や事業構想という段階で終わる案件も多かったですよね。ジェミニは戦略系のコンサルティング会社でありながら、変革に強みを持ち、社員の感情にも配慮して、現場の意見を引き出しながら戦略を実行する支援を行っていたイメージがあります。膨大なデータも入れて突っ込みどころを消した分厚いレポートで、高い費用を請求する他のコンサルティング会社とは一線を画していたと思います。佐谷さんはリート運用会社でも多くのことを学んだようですね。

佐谷：リート運用会社では、成果報酬型のビジネスモデルが一般的でした。二、三カ月追いかけた案件が最後に頓挫して報酬がゼロということもありましたが、関わった案件の結果がわかる成果報酬型の仕事の方が自分には合っていると感じました。大國さんは、今の会社を一人で立ち上げたのですか？今も一人ですよね。

大國：そうです。一匹オオカミなのです（笑）。私の場合は、すごいコンサルティング会社をつくろうというよりは、「世界に誇れるリーディングカンパニーをつくるために貢献したい」という気持ちが強かったのです。最初に入った三菱自動車がわずか数年で大きく衰退してしまった苦い経験から、「どうしたら三菱自動車のような会社が変革できるのか？」という〝問い〟のために必死に仕事をして、そうしたらコンサルティング会社では人よりは早く昇格し、より高いレベルの責任を与えてもらうことになりました。

佐谷：〝問い〟を持って仕事をすることは大事ですよね。

大國：ＪＡの若い職員さんにも〝問い〟を持つことの大切さを伝えています。ジェネックスでは、会社の業績が低迷した時に、「若いコンサルタントには少しでもボーナスを出そう」とか、社員を養うために経営をしていましたが、自分の会社ではそのリスクを取れなかったのも正直なところです。そう考えると佐谷さんの会社は凄いですね。東証一部上場って聞いて「うそでしょ」って思いました。現在従業員さんは何人くらいいらっしゃいますか？

佐谷：令和四年七月末現在の従業員数は二百四十二名（アルバイト・派遣社員含む）です。

大國：やはり背負っているものが違いますね。これまで話をしてきて、歩んできた道は違いますが、何か共通するものがあるような気がします。「成果をあげることにこだわる」ということでしょうか。

佐谷：先ほども少しお話しましたが、『価値』＝『対価』の実現を目指し、そのために誰もが「考え抜く」ことに重きを置いている会社です。クライアントファーストで、問題解決という結果に向けて徹底的に考え抜いています。

大國：「考え抜く」ことも大切ですね。佐谷さんとは、ＪＡや農業という共通のテーマができて、一緒に考え続けられるような気がして、改めてうれしく思いました。

（後半に続く）

第四章

ＪＡが提供する価値を捉えて高みを目指す

生産者のやる気を引き出す

営農経済事業の収益の源泉とは何か？

私は、営農経済事業の収益の源泉は、生産者のやる気にあると考えています。事業の黒字化は急務ですが、ＪＡの収益は、生産者の日々の栽培活動で成り立っていることを、常に念頭に置くべきでしょう。

独りで農作業を黙々と進め、今の作業がどのくらいで終わりそうかと考え、ぐっと背伸びをする。予想外の長雨で予定していた作業が進められず焦ってくる。台風や大雨で精魂込めて育ててきた作物が駄目になる。様々な苦労や試練を乗り越えながら、生産者は私たちのために作物を育ててくれています。

『大玉がたくさんなっているりんご畑を見て、やる気がわいてきた。』

りんごを生産する農業法人の方の言葉です。数年前に台風の被害でりんごがたくさん落ちてしまった産地の方ですが、そうした苦難を経験してきたからこそ、実感できるうれしさもある

図表19 効果的な振り返りの進め方

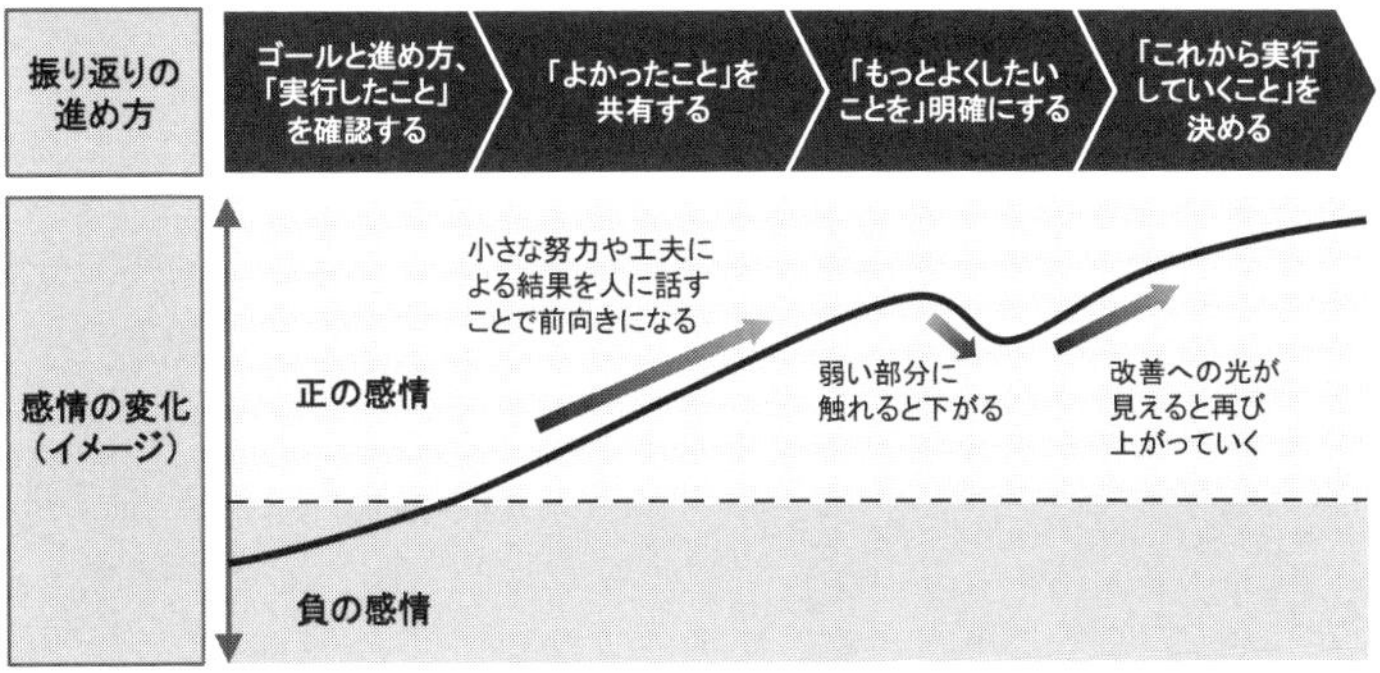
振り返りの進め方
ゴールと進め方、「実行したこと」を確認する
「よかったこと」を共有する
「もっとよくしたいことを」明確にする
「これから実行していくこと」を決める
感情の変化（イメージ）
正の感情
負の感情
小さな努力や工夫による結果を人に話すことで前向きになる
弱い部分に触れると下がる
改善への光が見えると再び上がっていく

のでしょう。

生産者のやる気を引き出せるのは誰か？

私は、生産者のやる気を引き出せるのは、ＪＡの職員だと思っています。そして、やる気を一番引き出せるタイミングは収穫後だと考えています。

岩手県のＪＡ江刺では、長ネギの産地を大きく育てていこうとしています。以前行われた長ネギの生産者を集めた振り返りの会議について紹介したいと思います。

手始めに、基本的な考え方について触れておきます。まず振り返りの進め方ですが、冒頭に話し合いのゴールと進め方を確認したうえで、「実行したこと」「良かったこと」「もっと良くしたいこと」「これから実行していくこと」という順番で話し合っていきます。このような流れの根底にあるのは、参加者の感情への配慮です。

図表19の下段に参加者の感情が変わっていくイメージを示しました。最初は「何が始まるのか？」「どのようなことを話せばよいのか？」「話し合う意味があるのか？」といった不安や疑問がわくことから、参加者は負の感情をもって会議は始まります。特に最初の方は丁寧に入り、ゴールをもとに主旨を共有することで必要性を感じてもらい、進め方を説明することで不安を小さくしていきます。

振り返りの一番の肝は、「良かったこと」を具体的にたくさん出すことです。その結果、前向きな感情を強めていくことができて、さらに良くしたいという気持ちで改善点について話し合うことができます。

◆「良かったこと」を具体的にたくさん洗い出す

「良かったこと」を考えるための下準備として、「実行したこと」を確認して、栽培時の状況を思い出してもらいます。

「良かったこと」とは、努力したこと、工夫したこと、幸運だったこと、失敗から学べたことなど前向きなことすべてです。どんな小さなことでも構いません。参加者に一人三つ以上考えてもらって、一つの意見を付箋一枚に、つまり一人あたり付箋三枚以上書き出してもらいま

図表20 **良かったことの洗い出し**

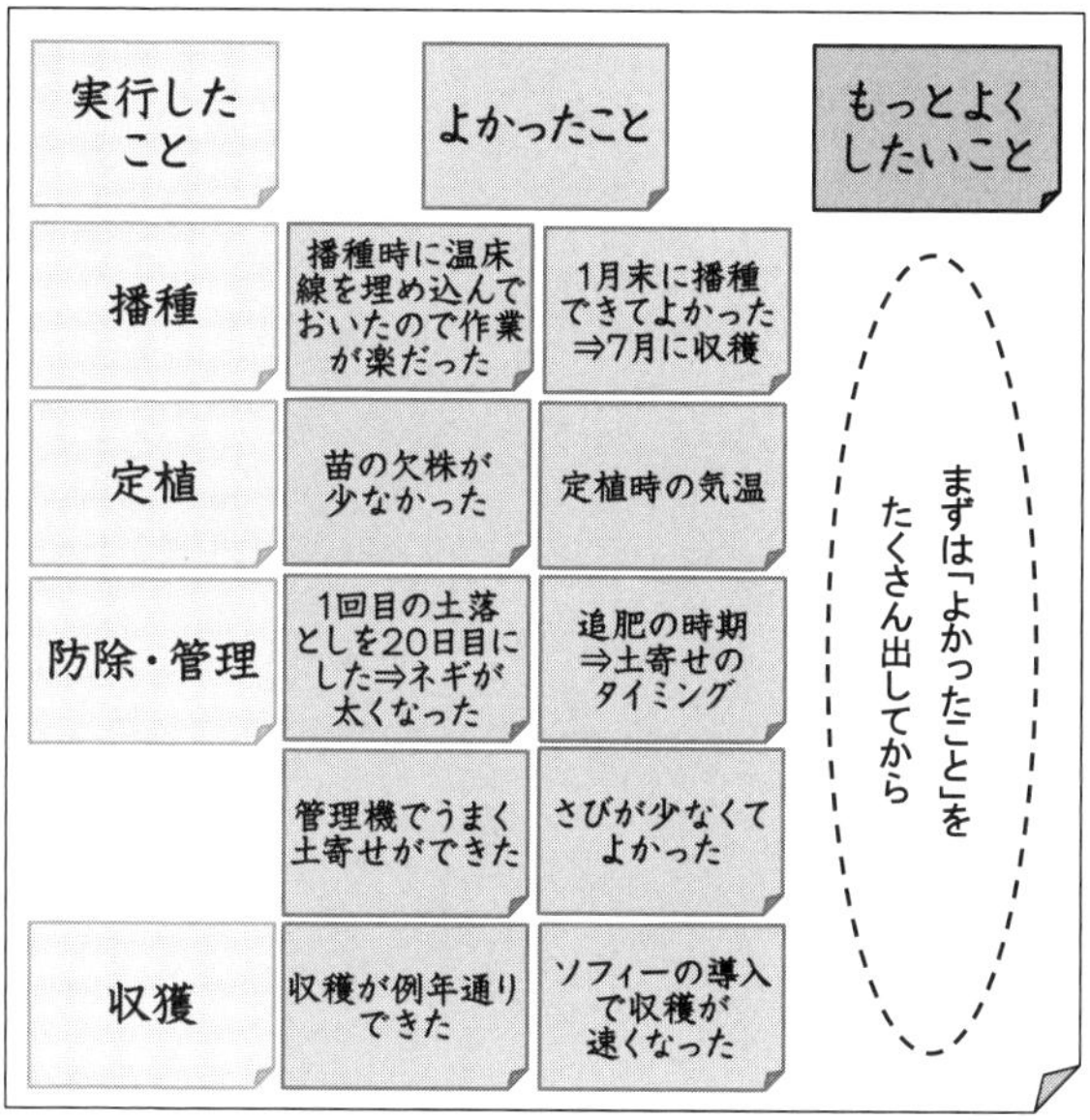

す。図表20は生産者から出された意見の一例です。

進行役の役割は、「？」を消すことと「？」を投げかけること

出された付箋を一枚ずつ読み上げて、「これはどなたの意見ですか？」と書いた人を確認して、詳しい情報や意図などを聴いて、必要であれば付箋に情報を書き足していきます。

具体的な意見がたくさん出てくるにつれて、生産者の満足度も高まってきます。得られる情報やヒントが増えるだけでなく、他の人も自分と同じように努力を積み重ねていることを知って、仲間意識も高まっていくからです。

図表21　営農職員による進行の様子（JA江刺 安部さん）

このような場をつくる進行役は、重要な役割を担います。議論を活性化させつつも時間内にゴールへと導く『ファシリテーター』が注目され始めたのは、二十年以上前のことです。私は二〇〇一年からファシリテーター育成の研修に幾度となく登壇しましたが、テクニックを身につける前に、参加者に向き合うことを強く訴えてきました。具体的には、参加者の「？」を消すことと参加者に「？」を投げることを意識することが重要です。

会議の入りでは、とにかく参加者の疑問や不安を消すことが大切でした。参加者の頭の中の「？」を消すことで、安心して話し合いに参加する状態をつくります。「？」をある程度消すことができたら、次は「？」を投げながら事実や意見を引き出していきます。そして、何かを決める際には、決め方についての意見を引

図表22 振り返りに活用した情報

[全体の情報]

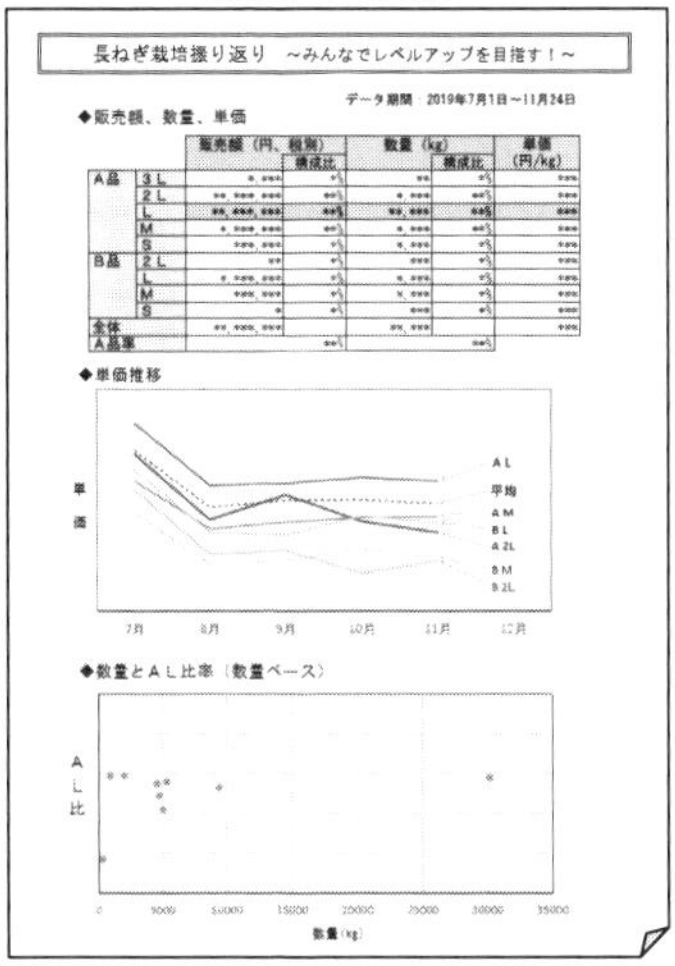

[生産者個人の情報]

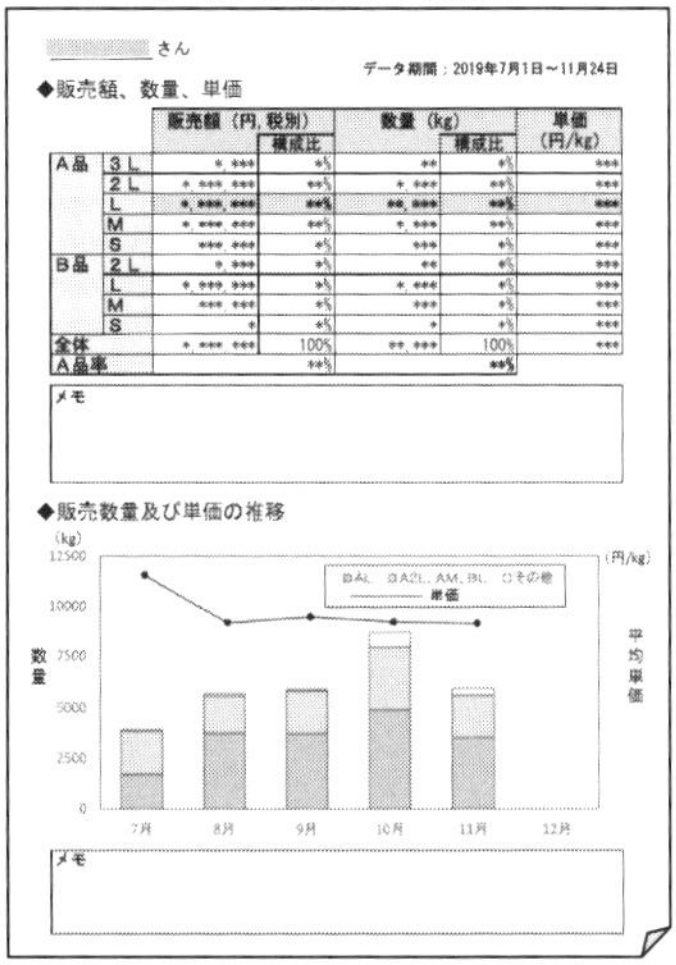

き出して合意して、納得感のある結論に導いていきます。

話し合いを活性化するための材料

具体的な意見を引き出すためには、少し工夫が必要になります。今回は図表22のような資料を用意しました。

まず最初に[全体の情報]を使って、等級・階級別の販売額、数量、単価（期間合計及び月別）を示して、最も単価の高いA品Lサイズと出荷数量の生産者別の状況を共有しました。次に「良かったこと」を考える材料として[生産者個人の情報]を追加で配布しました。さらに「もっと良くしたいこと」を考える際には、各生産者による防除履歴や全農からの市場情報を加えて共有していきました。このように生産者が考えて、発言して、話し合うというやり取りに効果的に情報を使っていきました。

また、最新のデータをエクセルファイルのシートに貼り付けると、すべての表やグラフが自動で更新されるような工夫も施し、継続して活用できるようにしました。

思考の癖を修正せよ⑫
データは使われて初めて、蓄積する意味を成す。生産者との対話に活用できる情報を整備していこう。

◆さらなる進化を目指して「もっと良くしたいこと」を引き出す

「良かったこと」をたくさん出して達成感が感じられたら、前向きに「もっと良くしたいこと」について話し合っていきます。

「みんなで協力して頑張っていこう」という雰囲気ができた時、JAとして方向づけたいことや助言したいことを伝える絶好のタイミングになります。今回は生産者からの「計数的に実行」という声に関連させて、図表23のように収益と作業との関係を図で示して、「もっと良く

図表23　収益と作業の関係ともっと良くしたいこと

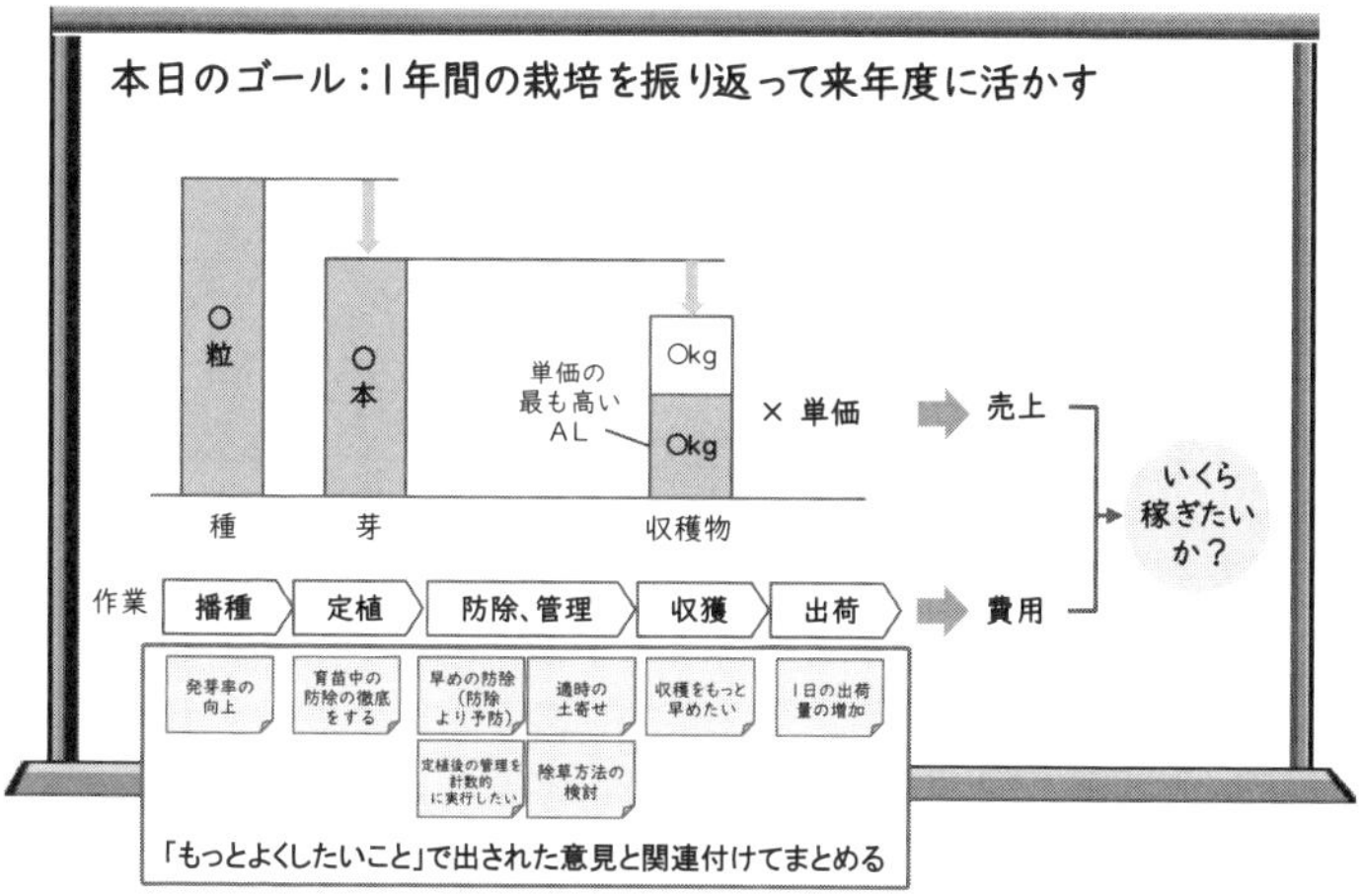

したいこと」として挙がった意見を確認しながら、防除を徹底することで、産地として収益を上げていくことを強く刷り込むことができました。

◆生産者とＪＡ及び関係者がチームとして成長していく

最後に実施したアンケートで、次のようなコメントをいただきました。

□栽培管理について非常に役に立った。
□他の人がどういった防除を行っているかわからなかった。
□反収●トン（現状の一・五倍）は確保しなければならないと知った。
□計数管理の重要性について理解できた。
□常に反省して行うことが必要と確認した。
□他のネギ栽培を見学し、良いことは実行して

図表24 振り返りの振り返りを通したレベルアップ

振り返りミーティングの振り返り

<よかったこと>

- 栽培管理、特に防除について意見が出た。（発言が出てほしかったところ）
- 生産者同士でアドバイスし合うことができた。
- 失敗したことを共有してくれた。
- 計数管理について考えるきっかけができた。
- 若手の生産者も自分の考えを話していた。
- 協力意識が強く、仲の良さと安部さんとの信頼関係を感じた。
- 適度な緊張感、ライバル意識を感じた。
- 安部さんの進行がうまく、生産者も意見を具体的に書いてくれた。びっくりした。
- 意見を掘り下げながらうまく共有していた。
- 大きな声で堂々と進行していたため、安心感があった。

<もっとよくしたいこと>

- 時期や作業ごとに細かい支援や対応をしていきたい。
- 現地で実際に品種を見ながら指導していく必要がある。
- まずは収益目標を設定してもらい、作業スケジュールを立てて、圃場の情報と関連付けていきたい
- 進行については、場数を積んでいけば更によくなっていく。

みたい。

□良質な出荷に努力したい。情報交換しながら協力して実行したい。

□今後も定期的な会合をお願いします。

みなさんが満足そうな表情で部屋を出ていったのが印象でした。その後、三十分ほどで振り返りの振り返りを行いました（図表24）。

会議に同席したＪＡ岩手県中央会、ＪＡ全農いわて、奥州農業改良普及センターの方々からもフィードバックをいただいていて、進行役を務めた安部課長補佐も今後の活動への意欲を高めていました。

このように経済事業の黒字化に向けては、生産者のやる気を引き出す〝ファシリテーター型職員〟の養成を目指すことが有効だと思います。

技術を導入する際に気をつけること

ビッグデータ、IoT、AI、ロボット

いつの時代でも流行りのトピックがあります。少し前であれば、ビックデータ、最近はAIという言葉を頻繁に耳にするようになりました。

しかし、流行りに乗ってAIと言っていますが、「これって単なる自動計算じゃないの？」「以前からこのくらいの技術はあったのに」と首を傾げたくなるものもあります。

実は、このように考えてしまう私自身にも問題があります。AIというものを「技術的にどれだけすごいのか」という目で見てしまっているからです。新しい技術は人をワクワクさせてくれますが、大切なことは「それが何に使えるのか」、「事業をどのように強くできるのか」ではないでしょうか。

ここでは、りんご園の経営を例に、AIやロボットといった技術が活用できそうなアイデアと実際に導入を決定するための意思決定方法について、一緒に考えていきたいと思います。

岩手県の奥州市でりんご園を経営する農業法人

岩手県で農業法人を支援させていただいたことで、農事組合法人藤里りんご生産組合とのご縁が始まりました。農業法人がチームとして一丸となることで、作業効率や収量が上がり、持続的に成長していける状態をつくることをテーマとしたセミナーで、代表の方と奥様にお会いしたのがきっかけでした。

前代表者は、山を切り拓いて法人を設立し、江刺りんごの産地に貢献されてきた方であり、栽培についてはすべて自分で判断し、従業員に指示を出してきました。おそらく昔ながらの経営スタイルで法人を引っ張ってこられたのだと思います。

しかし、代表者夫妻はその経営スタイルに少し限界を感じていました。もっと従業員の力を活かしたいと思っていました。特に今の代表者は、明るい職場づくりを心掛け、あえて細かい指示は出さずに従業員に考えてもらうような経営スタイルを実践されていました。

代表者の小澤朝夫さんからは、多くのことを教わりました。明るく、時々冗談を交えながらも、常に従業員さんのことを気遣い、コミュニケーションの取り方も工夫されていました。

街から少し離れ、山道を登りきったところに園地があるにも関わらず、人が辞めても次の人

図表25 藤里りんご生産組合のみなさん

スイカを食べてちょっと休憩

バスを借りて日帰り旅行

が入ってきます。以前伺った話では、求人チラシをつくって、ガソリンスタンドや新聞屋さんなど面識のある人に直接手渡ししたそうです。求人主の顔と人柄とともに、その情報は地域に広まっていきます。最近では、従業員さんが知り合いを連れてきてくれるとのことでした。理想的な採用方法だと思います。

従業員全員で一年間の栽培活動を振り返り

前に長ネギの生産者の振り返りの事例を紹介しましたが、同じ時期に藤里りんご生産組合のみなさんとも一年の振り返りを行いました。その年は、ここ数年で最も売り上げが高く、品質も良いものでした。

結果はもちろんですが、その過程の「「良かったこと」がたくさん出され、「もっと良くしたいこと」についての意見も出ました。

「みんなで目指していきたいこと」については、「全員がすべての仕事を早くできるようになること」「みんなで楽しんで仕事をできる所にしたい」「りんご園がずっと存続できるようにと思います」といった意見とともに、売り上げや費用に関する意見も出されていました。（図表26）

図表26　みんなで目指したいこと

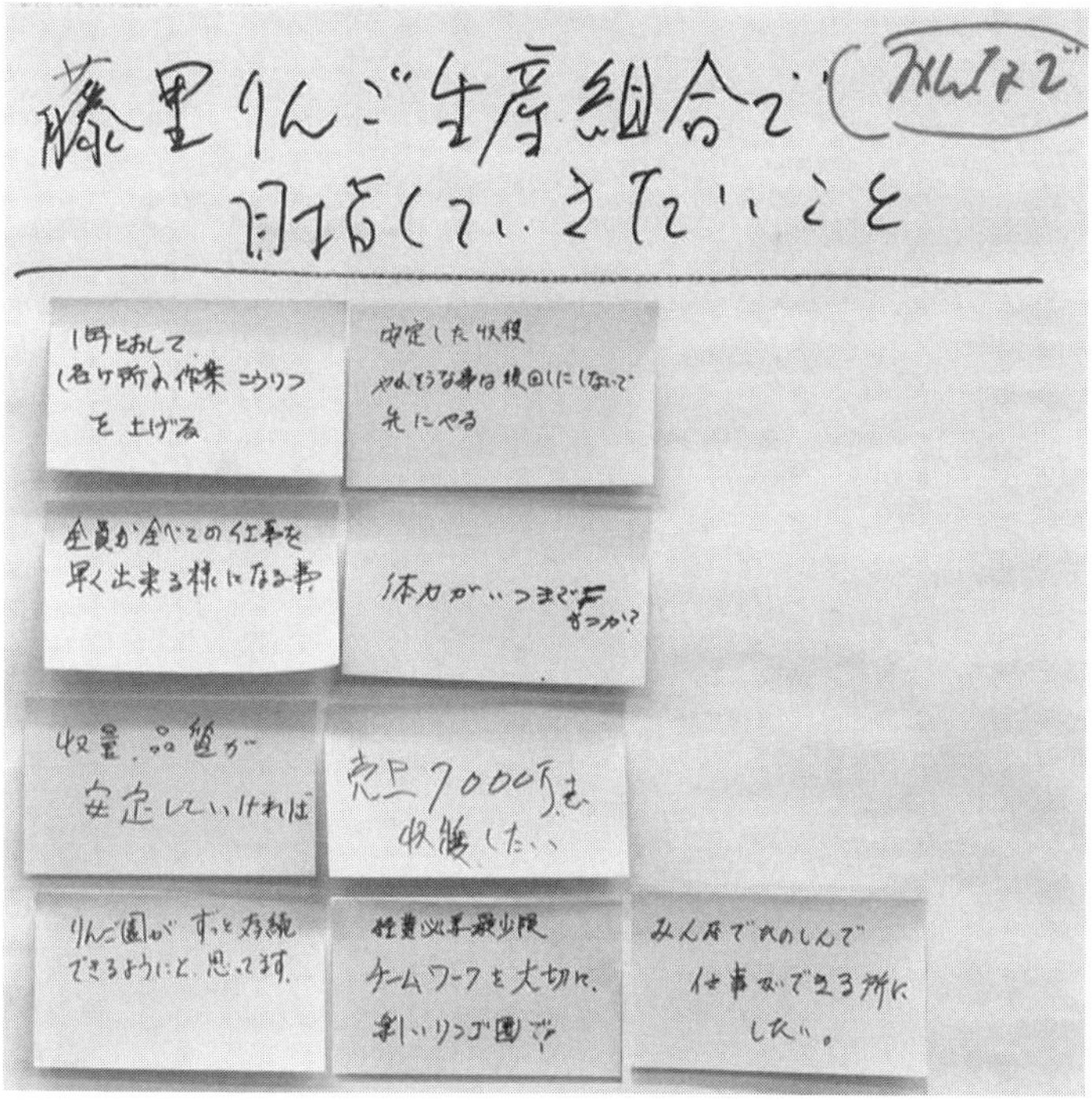
藤里りんご生産組合で（みんなで
目指していきたいこと
安定した収穫
やれそうな事は後回しにしないで
先にやる
全員が全ての仕事を
早く出来る様になる事
体力がいつまでもつか？
収量、品質が
安定していければ
売上7000万を
収穫したい
りんご園がずっと存続
できるようにと思ってます。
チームワークを大切に。
楽しいりんご園で
みんなで楽しんで
仕事ができる所に
したい。

りんご園経営の全体像の見える化

農業法人の組織力が高まって、「法人を永く続けられるようにしたい」という想いが共有できた時、次のステップが見えてきます。それは、従業員全員が、収益を意識して仕事をすることです。

法人として収益を増やすためには、従業員のみんなが売り上げと費用を意識する必要があります。しかし、代表者と従業員の間に信頼関係がないと、「どうして、あの人のために…」「法人が儲かっても、自分達には関係ない。」などと否定的な反応が起きてしまうこともあります。これは、農業法人に限らずＪＡでも企業でも同じです。

このような意見が出るようになったということは、「収益を意識して自分たちの仕事をどうするか考えよう」というメッセージを発しても良いというシグナルです

思考の癖を修正せよ⑬
みんなが一丸となって、その組織を残していきたいと思えた時、収益の改善を加速することができる。

このような状況が確認できたので、振り返りの最後に、ホワイトボードに図表27のような「りんご園経営の全体像」を示して、従業員のみなさんに収益の構造を紹介しました。

日当たりや樹形などを考えて「果実が育つための面」をつくり、樹勢や来期の花芽などを考えて「商品として育てたい実」を残し、防除や着色によって「実を商品に仕上げる」ことで売り上げはできると考えることができます。収穫後に結果として売り上げがいくらだったかを確認するのではなく、栽培の過程で売り上げに影響する状態や指標に注目するとよいことを紹介しました。

図表27 りんご園経営の全体像

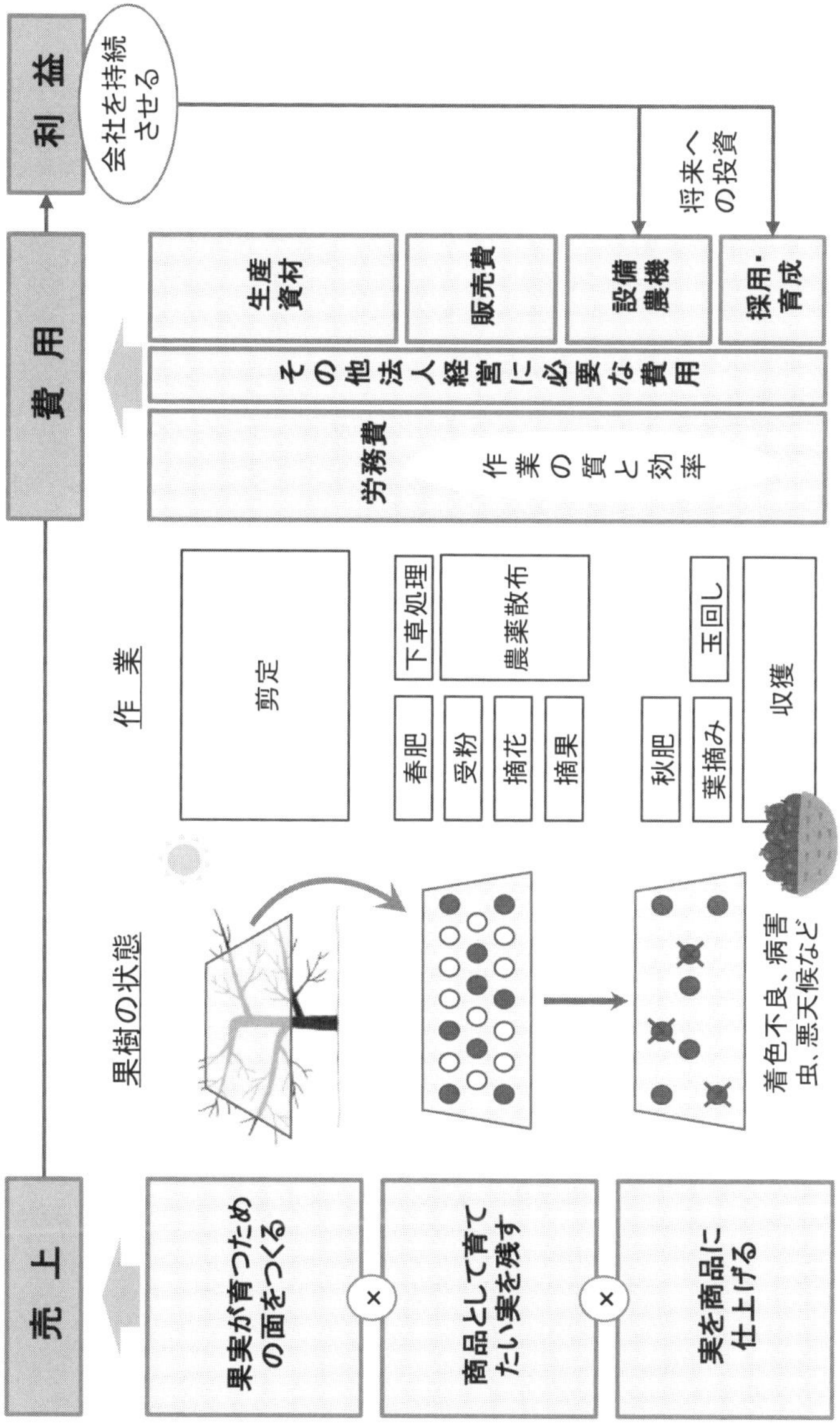

さらに費用に関しては、肥料・農薬代や農機のリース料などの主な費用について、小澤代表から情報を共有していただきながら、大体いくらの費用がかかるのかをつかんでもらい、作業の質と効率性を高める必要性を感じていただきました。

従業員一人ひとりが、自分なりに作業の質と時間について考え、基準や目標を持つようになれば収益が安定します。そのような日もそう遠くないと感じられました。

技術の導入によって「何を達成したいのか」を考える

このような状態になると技術の導入も検討しやすくなります。ただし、注意が必要なのは、何を達成したいのかを考えることです。

技術の活用の方向性は、「経営管理の精度を高めることで、圃場を活かして収益を最大化すること」と「作業の質とスピードを上げることで、費用を削減すること」の二つに分けることができます。二つの方向性それぞれで、さまざまな技術のアイデアが考えられます。（図表28）

技術に使われるのではなく、技術と共存していくことが重要

藤里りんご生産組合のみなさんに、「特殊なメガネを通して樹を見ると、これは切り落とす、

図表28　技術の活用の方向性とりんご園でのアイデア例

活用の方向性		AIやロボット導入のアイデア（一例）
経営管理		● **収益・栽培計画の最適化** 改植や樹形づくりの方針、1樹本あたりの生涯収穫量及び作業時間、生涯生存率、資材費、リース料、労務費等の費用をもとに収益計画を立てて、作物の品質と量や作業時間の目標値を決定して作業目標に反映する。また、実績との差をもとにシミュレーシの精度を上げていく
作業	判断を早くする	● **摘果すべき果実の判定** 樹形、樹勢、着果状態の情報をもとに落とすべき果実を判定して、メガネ型のディスプレイで指示する。また、樹ごとの着果量と収穫量をもとに判定の精度を高めていく
作業	負荷を軽減する	● **自動収穫ロボット** 中腰の姿勢で収穫する樹の下部分の果実をロボットが収穫 ● **アシストスーツ** 収穫時のパレット上げ下ろし作業の負荷を軽減する

これは残す、というように指示が画面に出るようなことは、もう実現できると思います。でも、そのためにはみなさんがどのような考え方で判断をしているのかを見えるようにする必要があります。また、私個人としては藤里さんのように人が集まってくる法人に技術の導入が必要かと言うと疑問です。なんでもＡＩ、ＡＩと、ＡＩ導入を美化する風潮はどうかと思っています。」とお話しました。

コンビニエンスストアで無人店舗の実験が行われていますが、「スタッフの確保ができないから無人化する」という理屈には違和感があります。スタッフの力を活かして収益化する能力のない経営者が採択する愚策のような気がしてなりません。

思考の癖を修正せよ⑭

「新しい技術だからよい」「高度な技術を使えばよい」という考え方は危険。成し遂げたい状態やメリットが見えない技術は、導入すべきではない。

生産者のニーズとＪＡによる提供価値の見える化

まずは生産者の実態について認識を共有する

先日、電力会社の知り合いから、「農業で新しいことができないか。農家の役に立てるような事業を考えたい。」という相談があり、「農家のみなさんは、どのようなことで困っているのですか？」という質問を受けました。

私はその質問にハッとさせられました。「もしかすると、農家はそれほど困っていないかも知れない。」という答えが頭に浮かんだからです。

今までに出会った農業法人や農家の方々は、「地域のためにもっと良くしたい」「もっと収入を増やしたい」といった強い向上心を持っていました。

しかし、生産者との接点、ＪＡ関係者からの情報、農林業センサスなどのデータによって生産者の全体像が何となくつかめてきた今、「それほど困っていないかも知れない。」という考えが浮かんできたのです。当然ですが、すべての生産者はそれぞれに困りごとを持っているのだと思います。ここで「困っていない」と言っているのは、「どれだけ深刻な状況なのか」という点においてです。

農業に関心のある人に私が最初に説明するのは、生産者には様々な経営形態があり、小規模の農家が大半を占めることです。テレビやビジネス誌などに登場する農家は、地域を良くしたいと必死に考えている農家さんや、必要な事業収益を稼ぐために自ら販路を探して勝ちパターンをつくった農家さんであり、全体からみるとほんの一部だと考えています。

営農職員が価値を提供している生産者の見える化

マーケティングでは、市場を切り分けてターゲットを定めることが大切です。経営形態と成長・発展への意向の二つの切り口で切り分けて、同じようなニーズを持つ生産者のかたまりで考えることで、営農職員が働きかけるべきことや支援すべきことが見えてきます。

図表29　生産者の実態の見える化と営農職員による支援

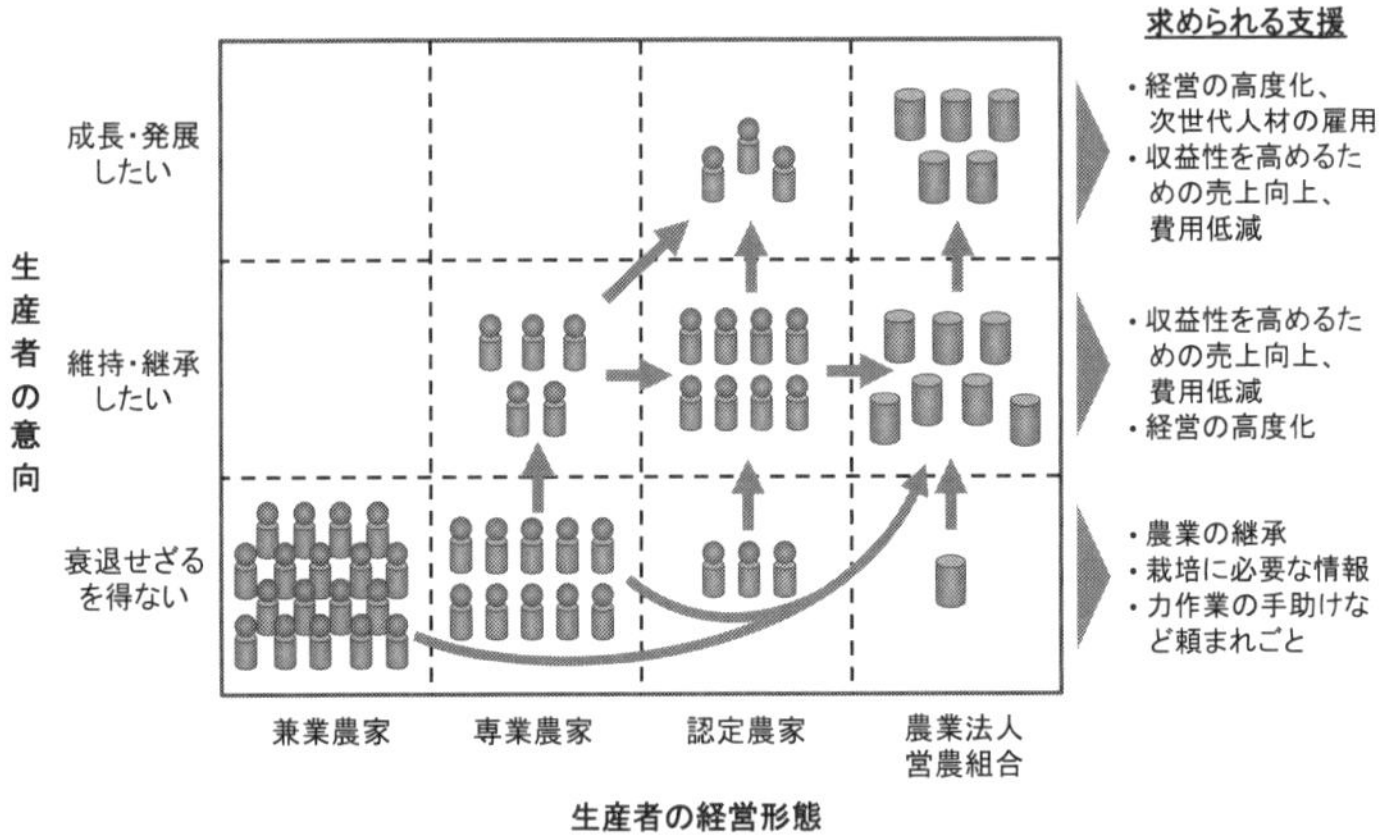

ある地域の生産者が図表29のような状態だったと仮定しましょう。多くが高齢の兼業農家や小規模の専業農家で、自分の代までで農業は終わりだと諦めているような状態です。

地域農業の継承・発展に向けては、実線の矢印のように農業法人や認定農家にはさらなる成長や発展を目指してもらい、衰退せざるを得ないと考えている小規模の農家には農業法人に参画してもらうことも必要になるでしょう。また、生産者の意向（縦軸）や経営形態（横軸）によって、営農職員に求められる支援の目的や内容は異なります。

このように営農職員が担当する地域の生産者の実態を見える化して、各生産者をどのような状態に持って行きたいのかというゴールを設定し、具体的な行動に落とし込んでいくことが大切です。

図表30 ニーズ・提供価値・打ち手の関係

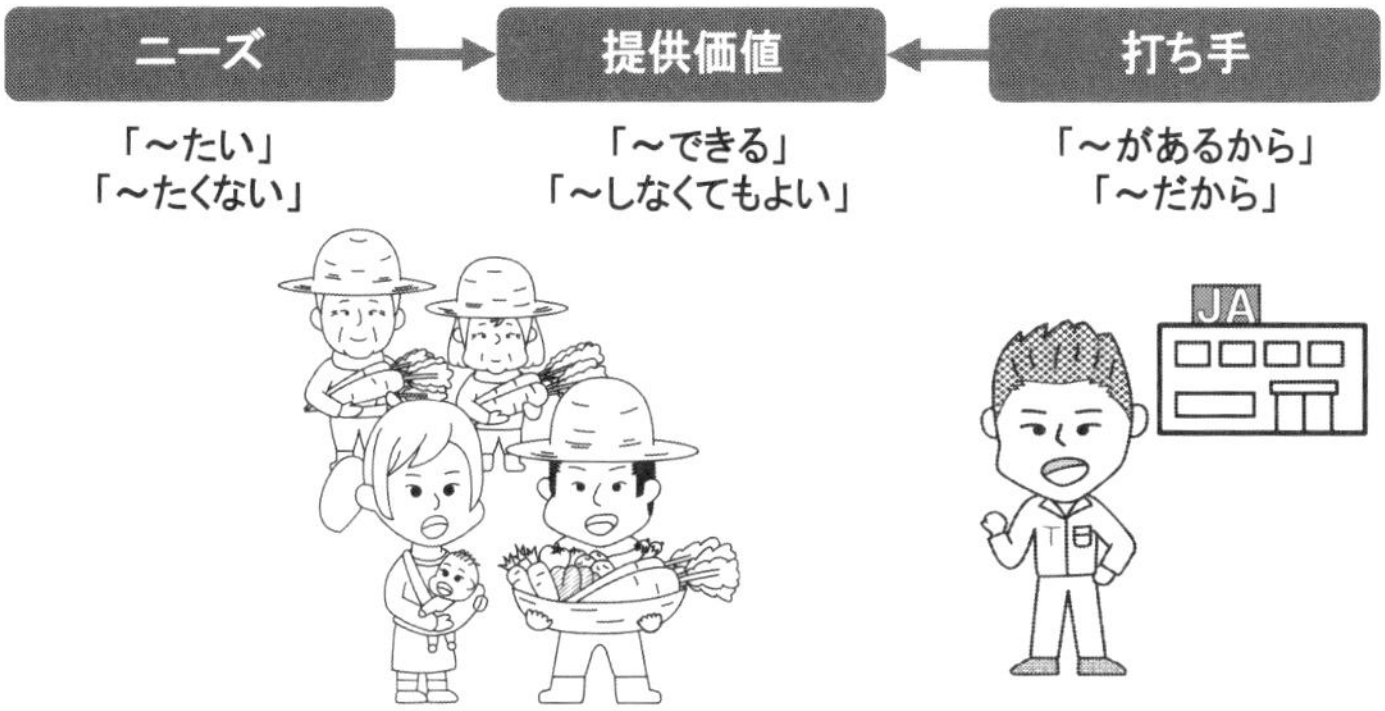

生産者のニーズ↓提供価値↓打ち手

マーケティングでは、ターゲットを定めたら、ターゲットのニーズ↓提供価値↓打ち手というつながりで考えていきます。図表30にあるようにニーズは生産者を主語として「～たい」「～たくない」、JAによる提供価値は同様に生産者を主語として「～できる」「～しなくてもよい」という文章を考えると正確に捉えることができます。

生産者の経営形態や将来に向けた意欲によってもニーズは異なり、全体像を見えるようにすることが大切です。

パートも雇いながら規模を拡大して所得を上げていこうとしている園芸農家を想定して、生産者のニーズとJAによる提供価値の全体像を図表31に示しました。

図表31 生産者のニーズとJAによる提供価値の全体像

ニーズ区分		ニーズ（〜たい/たくない）	提供価値（〜できる/〜しなくてもよい）	JAによる具体的な支援の一例（JAが〜してくれるから）
経営全般	計画	圃場を最大限活かした計画を立てたい	目標収益を達成するための作業計画を立てることができる	□ 収益目標を設定するための助言を行う □ 圃場の特性を踏まえて農作物や品種を提案する □ 目標達成に向けた計画書作成を支援する
	管理	手間と費用を考慮して記帳や決算を済ませたい	自分に合った記帳・決算の方法を確立できる	□ メリットを伝えて青色申告できるように助言する □ 各種会計ソフトのメリット/デメリットを紹介する □ 記帳業務を代行するサービスを提案する
	改善	利益を出すための農業経営の勘所をつかみたい	堅実に経営していくための基本的な考え方やポイントを知ることができる	□ 農業経営に必要な考え方やポイントを紹介する □ 堅実に経営している生産者との接点をつくる □ 後継者に経営について勉強してもらう場を提案する
		収益性を改善して売り上げや収入を増やしたい	収益悪化の原因をつかみ、改善することができる	□ 経営診断によって改善すべき事項や改善策を示す □ 赤字になってしまうリスクを見出して指摘する □ 経営改善計画を立てて立て直すための助言を行う
売上拡大	面積	土地を借りて栽培面積を広げたい	条件に合った圃場を探すことができる	□ 土地を持て余している農家を探して紹介する □ 農地中間管理事業を活用して農地候補を探す □ 生産者同士で協力し合ってもらえるように働きかける
		栽培施設を建設・増設して栽培面積を広げたい	収益性や実現性をもとに施設を検討することができる	□ 栽培方式や設備の選択肢や判断材料を示す □ 助成制度を紹介して申請条件・方法を示す □ 業者と仕様を検討して見積書を渡す
	単価	できるだけ高い単価で作物を販売したい	市場の状況を見ながら作物を生産・出荷することができる	□ 他の農家に比べた単価の状況を知らせる □ 過去の出荷実績を資料で提供する □ 出荷を平準化するための作付について助言する □ 等階級比率を向上させるための方法を提案する
	反収	収量を増やして安定させたい	収量減の原因をつかんで収量を高めて安定化できる	□ 反収が低下する原因を一緒に考える □ 反収を向上させるためのポイントと方法を紹介する □ 規格外のものを売り物にするためのアイデアを出す
費用低減		費用を抑えたい	資材などの出費を抑えることができる	□ 防除費用を節約するための資材を提案する □ 成分をもとに総合的に安い肥料を提案する □ 整備費用を抑えるために農機の日常点検を促す
作業	栽培	必要な栽培作業を進めていきたい	適切な時期に播種・定植を終えることができる	□ 育苗センターで苗をつくって販売する □ 農機の貸し出しにより、効率的な作業を支援する □ シルバー人材活用などによる作業支援を行う
			生育に必要な作業を実施することができる	□ 土壌分析によって施肥設計のための助言を行う □ 管理の方法を指導する □ 防除のタイミングと方法を指導する
	収獲・出荷	作業のために必要な人員を確保したい	収獲・出荷作業を完了させることができる	□ 収獲終了時期を決めるための判断材料を提供する □ 負荷集中を軽くするためにパッキング作業を請け負う □ 選果場で選果・包装作業を請け負う
			作業員を採用して、働いてもらうことができる	□ 募集条件を明確にしてパート・アルバイトを探す □ 無料職業紹介事業の活用を提案する □ 実績に応じた賞与など意欲を高める方法を助言する □ 作業員とのトラブルを解消するために助言・支援する
設備・機械	導入	新しい設備や機械を導入したい	費用対効果をもとに適切な設備や機械を導入できる	□ 活用できる事業と内容を提案する □ 効果と費用を算出して意思決定できるようにする □ 購入に必要な費用のうち不足分を融資する
	維持	設備や機械を維持していきたい	必要な点検・整備を実施することができる	□ 自主点検項目と具体的な作業方法を示す □ 農機を長持ちさせるための整備方法を紹介する
リスク対応		想定外のことに冷静に対応したい	想定外の事態の予防策や対策を打つことができる	□ 天候の被害に備えて農業共済を紹介する □ 病気の症状を早く感知して対応する

生産者のニーズとＪＡによる提供価値―打ち手を見える化するメリット

このように生産者のニーズへの提供価値を体系的に捉えて、ＪＡによる支援を一覧化することで様々なメリットが得られます。生産者にとっては、ＪＡから支援してもらえることがわかって相談しやすくなります。ＪＡによる支援についての窓口を示すことで、生産者が直接相談するように促すことで、営農職員が担当部署につなぐ必要がなくなって、仕事の負荷を減らすこともできるでしょう。生産者は何度も同じことを話す必要がなくなり、速やかにＪＡに対応してもらうことができるようになります。

若手の営農職員は、将来担当する業務も含めて全体像をつかむことができ、早く仕事を覚えることができます。先輩職員や上司にとっては若手の教育もしやすくなり、マニュアルの整備も進みやすくなります。

また、信用共済事業など他の事業に所属する職員にも情報を共有することで、事業間の連携も取りやすくなります。

ＪＡの部署の業務を再確認する

部署の業務をどのように規定すべきか？

生産者のニーズを起点としてＪＡによる支援を考えてきましたが、実際には職員の業務に落としていく必要があります。ここでは部署の業務の見える化について考えていきましょう。

例えば、野菜や花きなどを担当する園芸部門では、次のような業務を行うと対外的に示していることが多いようです。

□野菜、果樹、花卉などの生産指導
□農産物の集出荷
□市場等への販売
□出荷者への販売代金の精算

これはあくまで対外的なもので、「このような業務を担当していますよ」と生産者に理解してもらうためのものです。業務のゴールを示すものではなく、業務の内容や範囲を示すもの、つまり〝種類による規定〟です。ＪＡの内部では職務分掌などで各部署の業務を規定しており、より具体性が高く、各種事業の活用支援など範囲も広く示されていますが、考え方としては〝種類による規定〟になっているようです。なぜかと言うと、「〜に関する業務」という表記をよく目にするからです。

ＪＡの関連組織も例外ではありません。ある方から「このような表現は、行政の業務の規定を参考にしたことが原因かも知れない。」と聞いて少し納得しました。本当かどうかわかりませんが実際に自治体の部署の業務の表記が「〜に関する業務」となっていることも多いようです。

ゴールを明確にして業務を規定する

〝種類による規定〟の弊害は、規定された種類の仕事がすべて降りかかってくることです。私自身、自動車会社で、商品に関する業務を担当するグループで仕事をしていました。当時、部署の使命や役割が明文化されていたように記憶していましたが、「商品のことなら〇〇グループ」と社内外から認識されており、商品に関わる文書や問い合わせが毎日多数舞い込んできました。問い合わせに対応することは大切ですが、それは受け身の仕事です。

目的を持ってゴールを定め、限られた時間の中でゴールを達成していくような能動的な業務

図表32 目的をもとにした業務の見える化の例

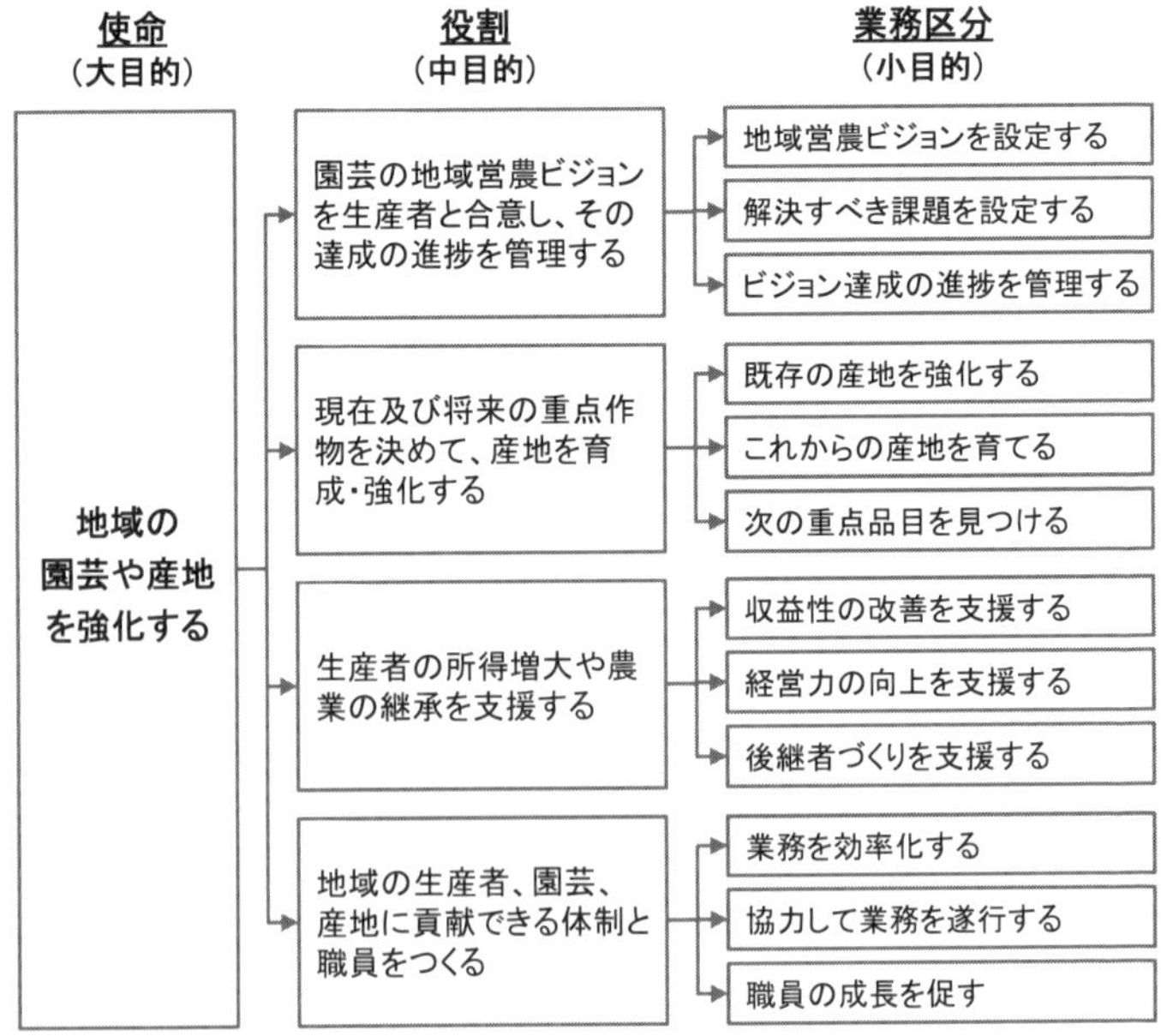
使命
（大目的）
役割
（中目的）
業務区分
（小目的）
地域の
園芸や産地
を強化する
園芸の地域営農ビジョンを生産者と合意し、その達成の進捗を管理する
地域営農ビジョンを設定する
解決すべき課題を設定する
ビジョン達成の進捗を管理する
現在及び将来の重点作物を決めて、産地を育成・強化する
既存の産地を強化する
これからの産地を育てる
次の重点品目を見つける
生産者の所得増大や農業の継承を支援する
収益性の改善を支援する
経営力の向上を支援する
後継者づくりを支援する
地域の生産者、園芸、産地に貢献できる体制と職員をつくる
業務を効率化する
協力して業務を遂行する
職員の成長を促す

遂行が大切だと思います。

それでは、どのように考えればゴールを明確にして業務を規定できるのでしょうか？園芸部門を例に、目的をもとに業務を規定するイメージを示しました。（図表32）

全体として、大目的から中目的、小目的へと目的を体系化しています。各目的の記述では、「何を」「どうするのか」を明確にしており、一番右には可能な限り数値目標につなげるような成果指標を示しています。業務のゴールとして「どこまでやればよいのか」を明確にするためです。

生産者からの依頼には答えつつも、

常に産地の強化や生産者の所得増大に貢献することを最終目的として、受け身ではなく、自ら考え、行動することにつなげていただきたいと思います。

思考の癖を修正せよ⑮

目的ベースで業務を規定して、ゴールをもとに業務を遂行することで、優先順位が明らかになり、業務を効率化することができる。

茹でガエルになるか、本質に踏み込むか

ＪＡに限らず多くの企業や組織で「やるべきこと」があふれていますが、ゴールを再確認すると「ここまでやればよい」という範囲や「本来のやるべきこと」が見えてくると思います。

今の状況に何の疑問も持たない、または疑問を持っていても行動を起こさずに放置することは危険です。「ずっとやってきたことをやめるには勇気が必要」ですが、ゴールの再確認による業務の見直しという本質的な改善を進めた時、明るい未来が見えてくるのではないでしょうか？

紹介した事例はあくまで一例ですが、より高い価値を提供することを目指していただきたいと思っています。

第五章

営農職員の成長を促す

自ら考え、動いて育つよう促す

営農職員ほど生きた経営を学べる仕事はない

私は、営農職員ほど経営について学べる仕事はないと思っています。営農職員が日々支援している生産者は、個人事業主や法人の経営者です。生産者の所得増大に貢献するということは、農業経営者と真剣に向き合い、経営の視点を持って支援に当たるということです。

経営者を支援する仕事はいろいろあります。飲食店やコンビニエンスストアを展開する企業にはスーパーバイザーがいますが、これらの業態では標準化が進んでいます。標準化しやすいパッケージ化された事業だからです。一方、営農職員は事業の内容や規模にバラつきのある経営者に向き合っています。

とても難易度の高い仕事だと思いますが、規模や作物も様々な生産者に対して、中期で目指す姿をすり合わせて、伴走していくようなことが可能です。また、地域全体の動きにも重要な関わりを持つこともできます。このような仕事は珍しく、非常にやりがいのある仕事ではないかと思っています。

営農職員の育成について、考える前に認識を合わせるべきこと

一般的に、人材育成について考える際に、最初に育成対象者について認識を合わせることが大切です。

第二次ベビーブームあたりで生まれた我々の年代は、多少乱暴に扱われながら、競争にさらされてきました。そのため、「教わるのではなく盗め」「上司の背中を見て育て」などと言われてきましたし、そのような考え方を持っている人が多いように思います。

このような考え方も大切ですが、今の若者たちが育ってきた環境は少し異なっています。授業参観に行くとわかりますが、少子化でクラスの人数は少なく、教え方も確実に進化していきます。学習塾に通う子も多く、最近は個別指導塾も増えています。つまり、わかりやすい教材や説明と個別に教えてくれるサービスが充実した環境の中で学んできたのです。

育ってきた環境が異なれば、成長するために必要な環境も異なります。育成する側は「自分の考えの方が正しい」という感覚を捨てて、「自分たちの世代と何が違うのか」を考える必要

があります。

思考の癖を修正せよ⑯

「どちらが正しいのか」という感情を捨てよう。
「どのように違うのか」ということに興味を持って接しよう。

◆営農職員の成長を促すための三つのポイント

若い世代が育ってきた環境を考慮して、営農職員の成長を促すポイントは次の三つだと考えています。

(1) 生産者の立場や気持ちを理解して、自分なりの目的を持つ
(2) 行動を積み重ねながら基本的な考え方やコツを習得する
(3) 上司が部下の成長に責任を持って、日常的に支援に当たる

◆(1) 生産者の立場や気持ちを理解して、自分なりの目的を持つ

まず、生産者から信頼を得ることが第一歩ではないでしょうか？　そのために、生産者の立

図表33 生産者の立場を理解して、自らの目的を持つ

- どのような作物を作って、どのくらいの収入を得ているか？
- どのような家族が一緒に暮らしているか？
- どのような生活をしているか？
- 生活に必要な費用はいくらくらいか？

どのような生活をしてもらいたいか？
どのような願いを叶えてもらいたいか？
↓
自分はどのように貢献したいか？

場や気持ちを理解することが大切です。私が生産者の方と話をする際には、相手の話に耳を傾けるだけでなく、自らの経験を総動員して相手の立場を理解しようとしています。自動車会社で経験させてもらった製造ラインでの組み立て作業や、アルバイトで経験した引っ越し作業などから、農作業のイメージやその大変さを想像してみます。

また、農作業の大変さも重要ですが、事業者、経営者としての立場について理解することも大切です。会社勤めとは違って、毎月所得が入ってくるわけではありません。所得が得られなくなり、生活できなくなるかもしれないという不安もあります。

ＪＡの職員も非農家の出身者が増えているようですが、「農家出身だからわかる」、「非農家だからわからない」ということではありません。相手の立場を想像しようという努力を続けられるかだと思います。

まずは生産者の収入がどのくらいか、家族構成や住居などから、

図表34　本物の思考力を身につけるための効果的な学習プロセス

行動したことを見える化する
よかったこと/もっとよくしたいことを考える
基本となる考え方やコツを見つける
繰り返しながら自分のものにしていく

どのくらいの生活費がかかっていそうなのか、これからどのような生活をしていきたいと考えているのかといったことを想像して、自分なりにどのように力になっていきたいのか目的を持つことが大切です。（図表33）

⑵ 行動を積み重ねながら基本的な考え方やコツを習得する

みんなが正解する問題を正確に説くのではなく、ほとんどの人が難しくて避けるような問題を粘り強く考え続けることが求められる時代になったように思います。そのためには、本物の思考力を身につける必要があります。本物の思考力が身につくと、新しいことを習ってもすぐに一定以上の深さで理解して、活用することができます。

仕事を通じて本物の思考力を高めていくにはどうすればよいか？そのような問題意識から考えたのが図表34の学習プロセスです。

例えば営農職員向けの研修では、生産者と話したことを付箋に書き出して思い出してもらいます。会話してわかったことや相手に信頼してもらえたことなど「良かったこと」を具体的に挙げてもらってから、もう少し踏み込んで話したかったことなど「もっと良くしたいこと」を考えてもらいます。

「良かったこと」や「もっと良くしたいこと」の理由などから、これからも使うことができる基本的な考え方やコツをみんなで考えていきます。その考え方やコツを実践しながら、「わかったこと」を「できること」へと変えていくプロセスなのです。

このような学習プロセスについて、ＪＡの管理職やベテランの営農職員にぶつけたところ、「確かにできる人はコツを見つけるのが得意だ」「伸び悩んでいる人は、こういう時はこうするという覚え方をしていて応用力がない」といった意見をいただきました。

思考の癖を修正せよ⑰

「やり方」よりも「どのような状態をつくりたいのか？」（＝ゴール）や、その際に気をつけるポイント（＝コツ）や基本的な考え方を教えよう。

⑶ 上司が部下の成長に責任を持って、日常的に支援に当たる

先ほど述べたように、若い職員は小さなころから個別に教えてもらうことに慣れています。そのため、上司による個別の働きかけも大変重要になります。効果的な学習プロセスに沿って

問いかけて考えてもらったり、相手のレベルに応じて基本的な考え方やコツを教えたりすることが必要になるのです。具体的には、図表35のような会話のイメージです。

図表35 効果的な学習プロセスを軸とした上司による成長支援

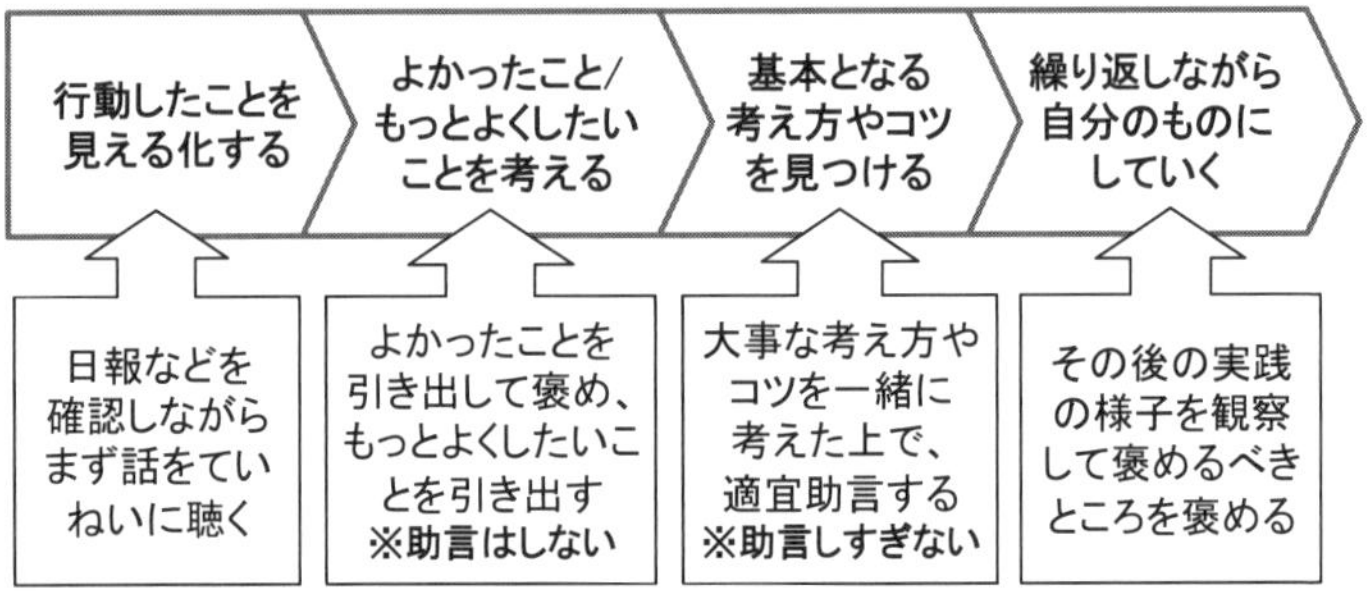

行動したことを見える化する
よかったこと/もっとよくしたいことを考える
基本となる考え方やコツを見つける
繰り返しながら自分のものにしていく
日報などを確認しながらまず話をていねいに聴く
よかったことを引き出して褒め、もっとよくしたいことを引き出す ※助言はしない
大事な考え方やコツを一緒に考えた上で、適宜助言する ※助言しすぎない
その後の実践の様子を観察して褒めるべきところを褒める

営農職員の成長を促す仕組みをつくる

職員の成長について、粘り強く考え続けるＪＡにこそ未来がある

人材育成は面倒だと感じる方もいらっしゃるでしょう。しかし、少子高齢化が進んで優秀な人材の獲得合戦になっている中で、「人を育てるのは難しい」とか、「今の若い人は駄目だ」などと言っている場合ではありません。成長促進の勝ちパターンをつかみ、明るい未来を描いていただきたいと思っています。

ここまで紹介したのは、あくまで営農職員の成長を促すためのポイントであり、さらに考えるべきことがあります。それは、人材を採用してから成長を促して卒業にいたるまでのプロセスを強化する仕組みを構築していくことです。

営農職員の成長を促すための仕組みづくりとは？

コミュニケーションの重要性も含めて、営農職員の成長を促すための仕組みを整備する際の

ポイントを三つ紹介したいと思います。
(1) 営農職員を主語とする成長過程を軸として施策を整備する
(2) 生産者への貢献を前提とする成長段階を共有する
(3) 上司と部下によるコミュニケーションの「型」を浸透させる

(1) 営農職員を主語とする成長過程を軸として施策を整備する

私は、「仕組み＝狙った効果を持続的に実現するためのもの」と定義しています。仕組みとは単発の施策ではなく、複数の施策が関連し合うように組み立てられたものと考えています。複数の施策を組み立てる際に、狙った効果にいたるまでのプロセスを軸に取ることが有効です。具体的には、営農職員を主語として次のように考えます。事業や組織への貢献イメージを持ち、達成したいことを明確にして、個人の目標を定め、行動計画を立てて実行、振り抱えるという流れです。

このように軸を取って施策を紐づけ、関連づけていきます。（図表36）

実はこの営農職員を主語とする軸の取り方は、大きな発想の転換につながると考えました。なぜならこれまでの人事部門は、「目標を設定させる」「行動計画に落とさせる」「進捗を管理

図表36　営農職員の成長を促進するための仕組み（例）

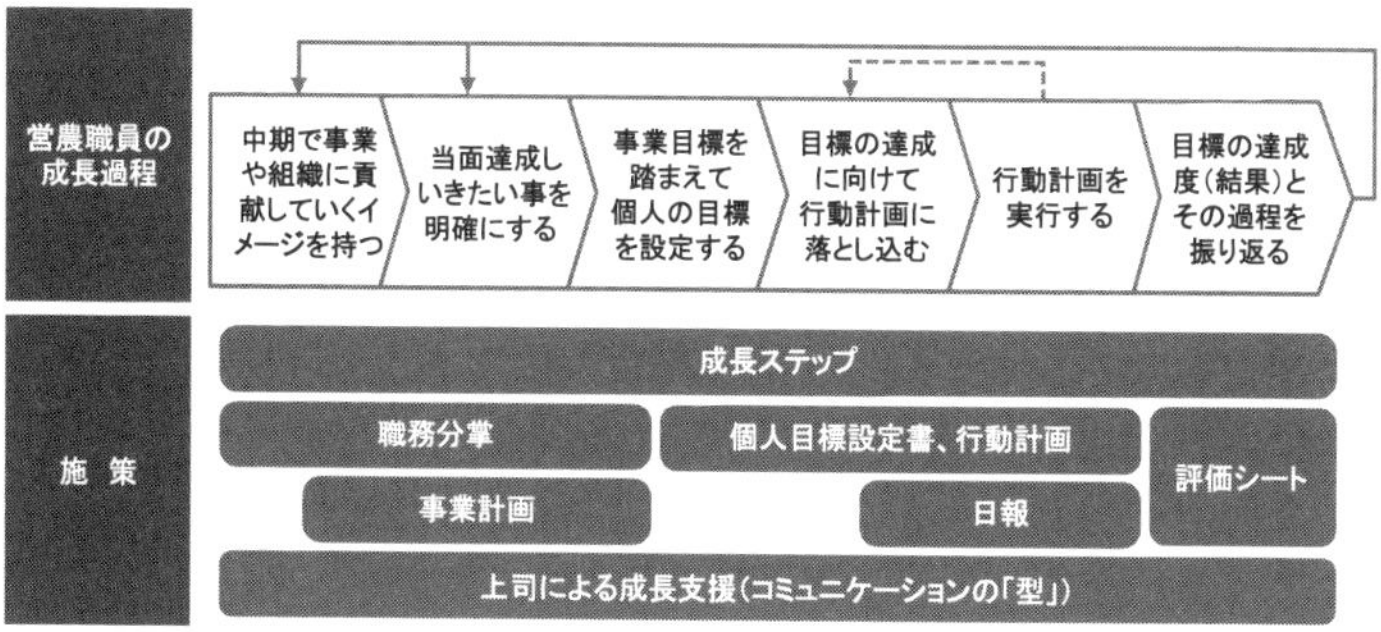

する」「評価する」という具合に、上司や幹部などの管理側を主語とするプロセスを軸に考える傾向があったからです。

一方、世界のリーディングカンパニーはすでに気づいています。上から目線で評価する姿勢では、優秀な人材から見放されてしまうことを。そのため、いくつかの優良企業が人事評価を止める動きを見せています。正確には上司による査定（＝ランクづけ）を止める動きです。なぜそのような方針転換に踏み切ったのか、なぜ踏み切れるのかという点に筆者はすぐにピンときました。

残念ながら日系企業の多くは、世界のリーディングカンパニーから周回遅れになっている印象です。先進的なＪＡがこのような発想の転換に果敢に挑み、体現できれば大きなチャンスになると思っています。

思考の癖を修正せよ⑱

営農職員を主語とする望ましい成長過程について話し合おう。粘り強く考えて取り組んでいくことで、大きな飛躍につながる。

◆(2) 生産者への貢献を前提とする成長段階を共有する

図表37に示した「成長ステップ」という施策は、新人からベテランへと成長していく際の段階論のことです。

「どのような段階を経て地域に貢献できるようになっていけるのか?」という全体像がわかるだけでなく、自分がどの段階にいて、次の段階に進むには何ができるようになれば良いのか、そのためにどのような経験を積めば良いのかが明確になることで、職員の成長意欲を高めていくことができます。

成長ステップを考える際のポイントは、「生産者や地域にどのような貢献ができるようになったのか」という観点で段階を定義することです。そうすることで目標を自らの成長に置くのではなく、他者への貢献に意識を向けることができます。

図表37 営農職員の成長ステップ例

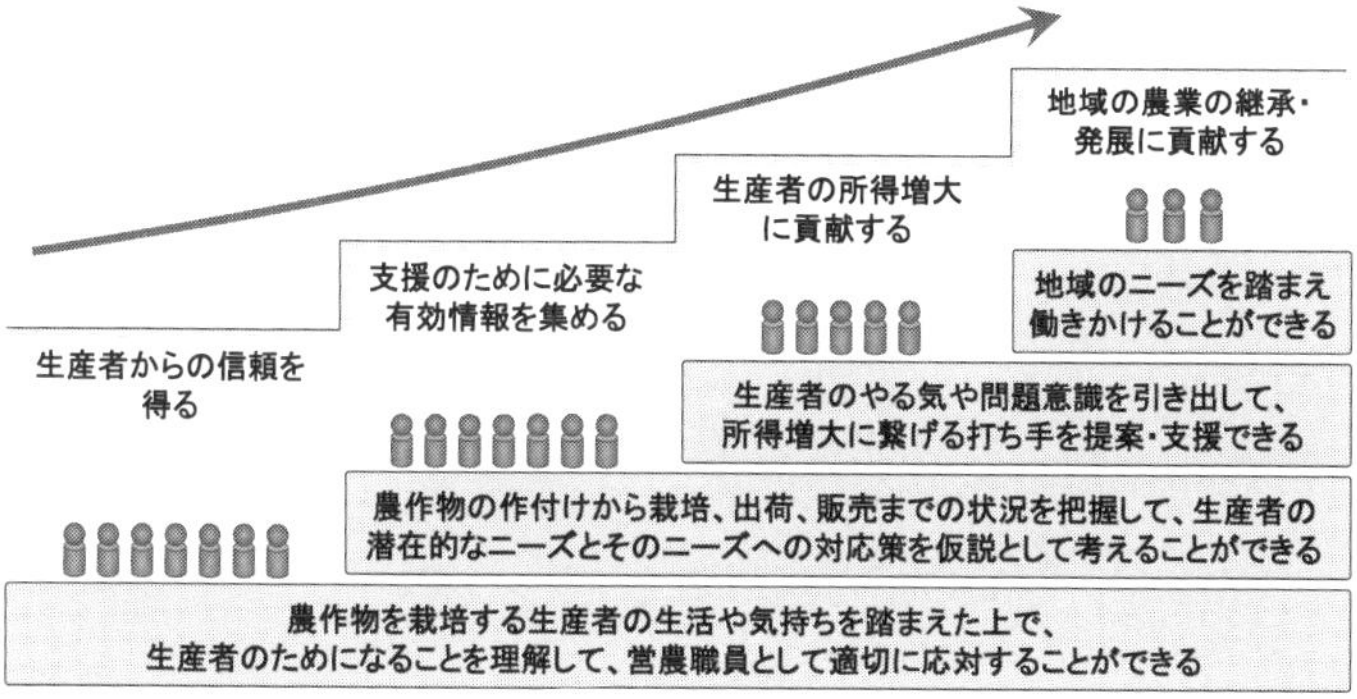
地域の農業の継承・
発展に貢献する
生産者の所得増大
に貢献する
支援のために必要な
有効情報を集める
生産者からの信頼を
得る
地域のニーズを踏まえ
働きかけることができる
生産者のやる気や問題意識を引き出して、
所得増大に繋げる打ち手を提案・支援できる
農作物の作付けから栽培、出荷、販売までの状況を把握して、生産者の
潜在的なニーズとそのニーズへの対応策を仮説として考えることができる
農作物を栽培する生産者の生活や気持ちを踏まえた上で、
生産者のためになることを理解して、営農職員として適切に応対することができる

これまでは、知識、スキル、資格などのいわばランクづけのための指標で階級を定義することが多かったのですが、自身の成長への意識が強くなり、営農職員の成長を阻害すると筆者は考えています。

(3) 上司によるコミュニケーションの「型」を浸透させる

先に述べたように上司と部下のコミュニケーションが非常に重要であり、職務分掌、成長ステップ、日報などの他の施策とも連携させたコミュニケーションの施策を仕組みに組み込むことが必須となります。

前に挙げた「上司が部下の成長に責任を持って、日常的に支援に当たる」とも関連しています。約二十年間ビジネスコーチングについて教えてきましたが、できる限りシンプルな方法を続けた方がよいと考えています。

大きく三つのパターンを用意していますが、そのうちの

図表38 日常のコーチング

【話し合いの目的】
20～30分話すことで、仕事や職場を少しでも良くする方法を一緒に考える

話し合いの流れ

① 最近担当している仕事
※ 前回の話し合いの後に担当した仕事を、全部挙げましょう。

② 気をつけていること
※ ①で挙げた仕事をする上で、工夫していること、注意していることなどを、小さなことでも話しましょう。

③ 苦労していることとその原因
※ やりにくいこと、よく起こる問題、効率を上げられないことなどを明らかにして、原因を考えてみましょう。

④ これからしていきたいこと
※ ③で考えた原因に手を打つため、または更に上を目指すために実行することを具体的に決めましょう。

⑤ 責任者として支援すること

協力して頑張っていきましょう！

一つである日常のコーチングの方法を紹介しておきます。これは農業法人にも勧めてきた方法であり、図表38のようなカードを上司と部下が一緒に見ながら、会話を進めていくものです。

上司は基本的に部下の考えややる気を引き出すことに集中し、④の「これからしていきたいこと」のところで最低限の助言を行います。ポイントは、①で状況を具体的に共有し、②で部下の工夫や努力を誉め、③では問題に気づいていることをさらにほめます。つまり、前半部分で部下の感情を前向きにしていきます。そのことで問題に対して、原因を深く考えて、次の行動を考えることにつながっ

ていきます。上司は最低限のアドバイスを行い、部下が確実に実行できるようにします。アドバイスのし過ぎは禁物です。

「卒業にいたるまでの仕組み」と書いた意図

これまで二百名以上の営農職員と出会いましたが、幸運なことにすばらしい営農職員との出会いがありました。彼らは農業に情熱を注ぎ、農業に精通し、生産者の所得増大に大いに貢献していきます。そのような職員の中には昇進に対する興味や意欲をあまり持っていない方もいらっしゃいました。あくまで一つのアイデアですが、JAで農業の基盤を固めたうえで、自ら就農したり、法人の経営に直接携わっていくという卒業の道筋をつくって、JAとして全面的に支援することも大切ではないかと思います。

地域を代表する生産者がJA出身者であり、その先輩を目指す若者がJAに入ってきてくれたら、JAの未来は明るいと思えるのです。

対談二
プロレド・パートナーズ 佐谷社長との対談（後半）

著者　大國 仁

◆ＪＡに対するコスト削減支援

大國：佐谷さんと再会するきっかけになったのが、ＪＡ福井県中央会への支援実績でした。ホームページで事例を拝見して、コスト削減のアプローチとしては正攻法だという印象だった一方、やはり成果報酬というのは魅力だと感じました。お客さまの反応はどうだったのですか？

佐谷：「成果報酬は、ＪＡが抱えるコスト適正化という課題解決にぴったりだった」とすごく喜んでもらえました。コストを削減する費用については、ＪＡによって個別の契約の違いや地域ごとのサプライヤーとの付き合いなどが制約になります。それらの制約で効果が出ない場合、固定報酬だと効果がマイナスになってしまうリスクがあります。一方、成果報酬では生まれた成果に対して報酬をいただきますので、各ＪＡの状況を踏まえて削減することができます。

大國：まず、コストを確実に下げられるのは魅力的ですね。信用共済事業の収益が縮小の見込みであることは以前から言われていましたが、いよいよ目に見える成果が求められてきましたね。その中で、成果に応じて報酬を払うというサービスは、意思決定しやすいはずです。とはいえ、プロレドさんにとっては報酬額が費用に見合わなくなるリスクもあると思うのですが、いかがでしょうか？

佐谷：実はそこが当社の強みでもありまして、費目ごとに専門知識を持った人材で体制をつくっています。成果を大きくすることはもちろん、削減策の実行もスムーズに進めさせていただきます。

大國：一時的にコストが下がっても後からサプライヤーから交渉が入って、効果が目減りするようなこともはないのですか？

佐谷：普通ならそのようなこともあるでしょう。しかし当社は、成果報酬を三年間で分割して頂戴していて、その期間に効果が持続しているかを確認するとともに、効果を持続するための支援も行っています。

大國：なるほど。アフターフォローによって、効果が持続する訳ですね。それはＪＡにとっても心強いですね。

佐谷：そう思っていただけているようです。もちろん効果の大きさでもクライアント自身ですよりも効果はありますが、効果の削減維持における実行支援についてもお客様に喜んでいただけています。

◆ＪＡを支援したことでわかったこと、ＪＡの伸びしろ

大國：ＪＡの現状などについて話していきたいのですが、ＪＡにどのような印象を持ちましたか？

佐谷：ＪＡは様々な事業体をもつ巨大な組織であり、Ａコープや直売所、ＪＡバンク、ＪＡ共済など身近な存在であることを認識しました。全国各地に六百近いＪＡが存在し、日本の食を支えていることに改めて気づきました。

大國：私が育ったところは、名古屋市のはずれの田んぼが多いところで、農協の支店を母親が利用していたのを覚えています。他の銀行よりも親しみを感じていました。よく見ると身近なところにＪＡの事業があったりしますよね。生活者にとって身近な存在ともいえますが、コンサルティング支援を行う対象としては、どのような印象を持ちましたか？

佐谷：支援する前までは、六百ものＪＡがあるということは、統括する中央組織が強い力を持っていたり、横並び感があったりするのでは？というイメージを持っていました。しかし、地域ごとの特性が強く、逆にフラット。しかも県の中でも各組織の個性があるので県ごと、ＪＡごとでまったく違うことに驚きました。また、事業ごとに様々な組織が形成さ

れていますが、その組織間でコミュニケーションがよく取れている上、中央会とＪＡが対等に意見を出し合って、組織として良い方向に向かうという気概を感じました。

大國：事業間の連携や中央会とＪＡの関係も都道府県によって異なるかも知れませんね。なかなか興味深い事業体ですよね。私は全国に千店以上展開する飲食チェーンを支援したことがありますが、地域や店舗ごとに個性はあるものの、ＪＡほどではありませんでした。

佐谷：独自性や独立性があることはとても良いことだと感じます。地域に根差したサービスを提供しているので、地域性があってしかるべきですし、大事にすべきところでしょう。『ＪＡ経営実務』の連載を読みましたが、大國さんはいろいろな地域で複数のＪＡを支援されてきましたね。そろそろ何かつかめているのではないでしょうか？

大國：これまでのご縁によって多くの機会が得られました。支援してみて、「本質がつかめた」と思うこともありました。でも現場にさらに踏み込むと、つまり職員さんと一緒に動いてみると違ったことが見えてくる。この繰り返しでした。今では大部分のことがわかったつもりになっていますが、「やっぱりわかっていない」と思うことになるかも知れません。

佐谷：それほど難しいのですか？

大國：その難しさは、佐谷さんのおっしゃった独自性や独立性のせいかもしれません。コンサルタントは普遍的な枠組みを考えようとします。成果を出すための施策の企画や判断のためには大切なことなのですが、ＪＡの人たちから見ると「枠にはめられる」という一種の不快感を覚えることもあるのだと思います。

佐谷：何か抵抗のようなものも感じることもあるのですか？

大國：ありますよ。「そんなに簡単に考えないでほしい」「自分たちのやっていることは複雑で難しいことなんだ」という声が聞こえるような気がしました。ただし、一つわかったことは、「地域や生産者のため」という信念をもって、大切な「問い」を発すれば、志をともにできる職員が反応を示してくれることでした。そして、スピード感は別として着実に前進していけることだけはわかりました。潜在的な力やこれからの可能性を感じています。佐谷さんから見て、どのようなところにＪＡの伸びしろを感じますか？

佐谷：良いところもあるが故の弱みとして、ＪＡ間でもっと共有できることがあるように感じています。自分たちで実行して独自性を出すべきところ以外の部分では、もっと楽にできることがあるのではないでしょうか？何でも自前でやりきってしまっているのはもったいないと思います。また、県内のＪＡ間でのつながりや連携というものが生まれにくいようにも感じています。

大國：確かにＪＡ間の共有や連携については、もったいないと感じることもありますね。近くのＪＡに対する競争意識を少し感じます。良いことをそのまま取り入れることに抵抗があるのではないかと思うこともあります。私もＪＡ間の連携がもっと強まれば、オールＪＡとして力を発揮できるのではないかと考えていますし、実際には意識の高いＪＡをつなげるようなことも始めています。

両社が当面めざすこと

大國：プロレドさんは、ＪＡ以外にも様々な業界の企業や組織を支援されていますが、その中でＪＡへの支援はどのように位置づけていますか？

佐谷：最も重要な支援先として位置づけています。農業・食品業界の強化は社会貢献としても重要です。支援を重ねる中で成果・質ともに上がっていますし、これからもさらに上げていけると考えています。福井の時も、データ整理だけでもボリュームがあって相当大変でしたが、それを顧みて仕組み化を進めることができました。よりスピードを上げて、早期に成果を提供できるようにしたいと考えています。

大國：多くの都道府県に出向いて、サービスを紹介されていますね。現在の状況はいかがですか？

佐谷：令和四年九月現在二十一県、約百三十のＪＡに当社の成果報酬型コンサルティングサービスを検討いただき、約六十のＪＡをご支援しております。優先度の高い項目の間接材コストの削減実績が出ています。

大國：電気代の削減は、今の状況では難しいのではないでしょうか？

佐谷：その通りです。しかし当社は、電気代に限らず、ＪＡの固有のコストや課題感の強い項目を深掘しての支援を行っています。

大國：例えばどのようなことをしていますか？

佐谷：機械警備、通信費、複合機、そして工事費などです。

大國：多くのＪＡに喜ばれそうですね。そして、先ほど今後の伸びしろとして挙がったＪＡ間の連携にも貢献できそうですね。

佐谷：そういう意味では、プロレドを通してＪＡ間のつながりを生んだり、強くできたりしたケースがあります。つながりが強くなればなるほど、共同購買などＪＡ側にも強いメリットになります。実際、ＪＡに限らず他の業界においても、そういったつながりを醸成できたプロジェクトはおのずとコスト削減成果も大きくなりました。

大國：ＪＡでは、プロレドさんがこれまでに培ってきた強みが発揮されるだけでなく、さらなる強みにつながりそうですね。

佐谷：ぜひそうしたいと思っています。大國さんは二十年の節目で経営コンサルタントを辞めるとおっしゃっていましたが、今後はＪＡへの支援をどのようにされるのですか？

大國：『ＪＡ経営実務』の誌面をお借りして、令和三年三月以降は既存の案件の継続支援のみを行うことを宣言しました。ただ、ＪＡいるま野さんから連絡をいただいて、「自分たちで、あるべき姿を明確にしていきたいので、講師として支援してもらいたい」との依頼があり、最後の案件としてお受けしました。

佐谷：「自分たちで」というところから熱意を感じますね。

大國：そうです。これまでご支援させていただいたＪＡさんにも劣らず大変熱心で、自分事として取り組んでくれています。私は経営コンサルタントとしてではなく、成果を目指す活動のコーチとして、組織として実践的に学ぶためのお手伝いをしています。

佐谷：人材育成の方は継続していくのでしょうか？

大國：はい。ＪＡいるま野さんにご協力いただき、営農・経済事業の職員や管理職の人材強化のための研修プログラムを開発しました。

佐谷：プログラムは完成しましたか？

大國：はい。職員と管理職向けの実践的な研修プログラムが完成しました。これまでのＪＡ向けの研修は、あらゆる業種にも対応できる汎用的な研修が多かったのですが、生産者に価値を提供するＪＡの職員を前提とする踏み込んだ内容の研修になっています。令和五年度から本格的にサービスを提供したいと思っています。プロレドさんの支援を受けたＪＡに優先的に提供することも考えています。

佐谷：なるほど短期の財務効果と中長期の人材育成を並行して進めることで、変革活動を効果的に進められそうですね。

大國：そうです。現在多くのＪＡでは収支改善の取り組みを進めていますが、「できることから始めよう」と活動を立ち上げて進めているようです。できることが一段落したら、「さて、次は何をしようか」と立ち止まってしまうのではないかと心配しています。他のコンサルティング会社による収支改善のアプローチは、企業の収支改善アプローチに近く、協同組合における事業や組織の特性をつかみ切れていないような印象もあります。

将来の構想、両社による協業に向けて

佐谷：そういう意味では、我々も新たなソリューションを開発しています。支払いデータの可視化・分析や、請求書のデータ化・管理モニタリングなど、コストの最適化に必要なサービスをすべてクラウド上で活用することができる「Pro－Sign」というサービスを提供しています。また、今はコスト削減が主ですが、今後JAからの要望や我々の気づきをもとに、対象を拡げていきたいですし、我々が持っている知見を生かせる場があれば、積極的に支援していきたいと考えています。

大國：JAの事業を本格的にテコ入れするためには、一つ大きな問題があります。

佐谷：問題ですか？それは何でしょうか？

大國：それは標準的な業務プロセスがないということです。内部統制でフローは明確にされたようですが、目的はあくまでリスクマネジメントです。特に生産者を支援するための業務の標準形や「型」がないのです。

佐谷：「業務の標準がない」ということがありうるのでしょうか？属人的ということですか？

大國：すべてが属人的と言っても過言ではないと思っています。そう思ったきっかけは、私が

「みなさんの仕事業務はこういう感じでしょうか？」と仮説をぶつけた時の反応です。反応がほとんどないのです。つまり、誰も標準の業務を知らないのです。自分の標準はあるのだと思いますが、自信をもって「そういうやり方もありますが、うちでは〜していいます」などと切り返してくれる人はいません。話し合いが終わった後、「みんなもこのくらいのことはしていると思いますよ」と自信なさげに話をしてくれることはありました。

佐谷：それでは改善を進めるのは、難しいですよね。

大國：そうです。業務の標準、または標準らしきものがある企業で改善を進めることは、難しくありません。そこで議論になり、新たな標準が定まってくるからです。しかし、ＪＡでは議論がなかなか起こりません。そこが不思議だったのです。五年以上支援してきて、「標準的な業務がない」という真の原因に気がつきました。

佐谷：ＪＡ内でも標準がないということは、ＪＡ間で標準を共有していくことも難しいということでしょうか？

大國：その通りです。だから、ＪＡの業界には監査系のコンサルティング会社しかいないのです。私は不思議でしょうがなかったのです。中小企業に強い船井総研やタナベ経営のコンサルタントに出会ってもおかしくないと思いましたが、会ったことがありません。つまり、多くのコンサルティング会社にとってJAはターゲットではないのです。私も社員を多く抱えていたら他の業界を狙うと思います。（笑）

佐谷：ということは、ある意味チャンスなのでは？。

大國：そうです。チャンスでもありますし、社会に大きく貢献できるチャレンジでもあります。

佐谷：我々にできることは、たくさんありそうですね。

大國：先ほど工事費も削減するとおっしゃってましたが、農作物の選果施設にいろいろ問題があります。実際に選果施設を見させていただくこともあるのですが、食品メーカーの工場の品質や生産性の向上を支援してきた立場から、「なぜこのような設計にしているのか？」「設備を導入するだけで、日々の品質管理など工場を活用するための業務について指導されていないのでは？」と多くの疑問がわいています。

佐谷：設備を製造する企業は、モノ（製品）からコト（提供価値）へと努力してきましたが、そのような努力をしていないのですか？

大國：推測ですが、補助金がきっかけで施設が建設されることも多く、投資対効果やリスクをもとにした投資判断が甘く、投資額を回収するためのコスト削減も進んでいないのでしょう。食品メーカーでは製造設備を導入して、投資が回収できないという事態になったら大問題になりますが、農業関連の施設を製造するメーカーは「施設を納めたら終わり」という意識のように思えてきます。「自分達にはどうしようもない」と泣き寝入りするＪＡも多いと聞いています。

佐谷：補助金とのことでしたが、もともとは税金ですよね。

大國：はい。本当に腹が立ってきています。だから食品メーカーで設備の開発から品質管理、生産性向上などを経験してきた外部のパートナーと設備の改善や改修、導入を支援しようと準備を進めています。

佐谷：設備の建設や改修の際は、工事費の削減が可能ですので、ぜひ一緒にやらせてください。そういった意味では、今まで着手されてこなかった問題が山積みなのですね。

大國：私は営農・経済事業だけでなく、他の事業も含めた総合農協としての業務プロセスの標準化も目指したいと思っています。

佐谷：壮大な目標ですね。そのようなことが可能なのでしょうか？

大國：すでに次世代の農業協同組合のプラットフォームのイメージは浮かんできています。ＪＡいるま野さんのような先進的なＪＡさんとともに形にしていきたいと思いますが、東南アジア諸国への展開も視野に入れています。今、手伝ってくれているメンバーはフィリピンで農機関連のビジネスを立ち上げたことがあり、少し興味を持ってくれています。もしかしたら、日本国内よりも早く展開が進むかもしれません。

佐谷：当社が開発していくソリューションと方向性、親和性が合えば、協働できるかもしれませんね。

大國：勝手ながら私はそれを願っています。なぜかと言うと、農業産業の強化という社会問題を解決するイノベーションを起こすような難易度が極めて高いテーマだからです。一社だけでは実現性は低いですが、二社、三社がチームとなれば、光が見えてくるはずです。

第六章
ビジネスモデルを再構築する

なぜビジネスモデルを再構築する必要があるのか？

収益力を高めていくために必要な三つの力

生産者の営農活動の勘所と同様、ＪＡの事業にもいくつかの勘所、ツボのようなところがあります。

これまでにＪＡを支援してきた経験から、営農経済事業で持続的に収益を上げていくためには三つの力と、それらの力の基盤となる「理念に基づきＪＡチームを運営する力」がツボであると考えています。（図表39）

三つの力とは、生産者の所得増大や地域農業の継承に直接働きかける「生産者や産地を育てる力」と「農業法人の経営を支援する力」、そして職員による働きかけについての「達成事項をもとに業務を見直す力」です。

三つの力によって、地域貢献のための収益を確保し、組合員や地域の住民から信頼を得て、地域農業の継承によってふるさとを維持することにつなげていくことができます。

図表39 営農経済事業で持続的に収益を上げていくための3つの力

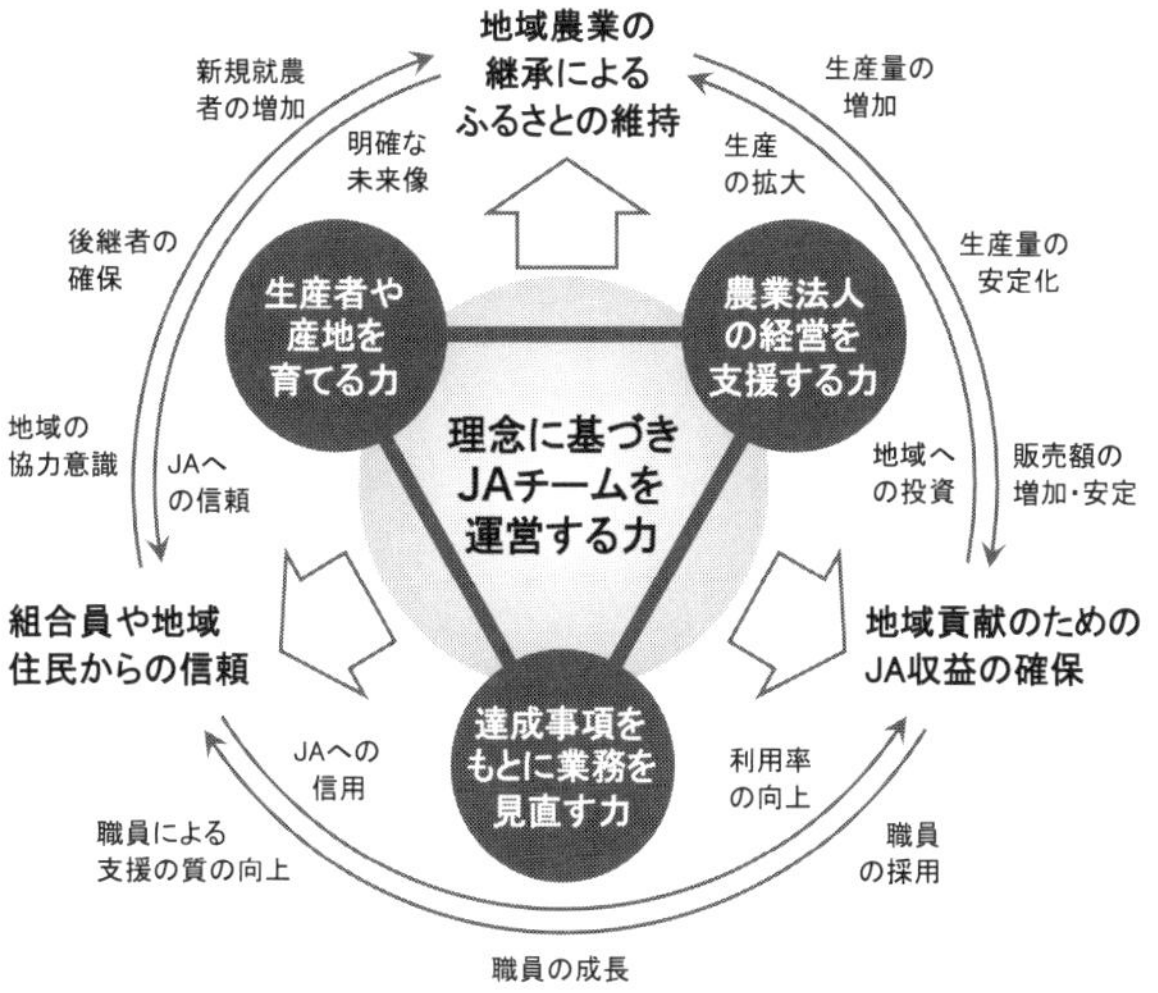

図表40 3つの力が弱いことによる望ましくない状態

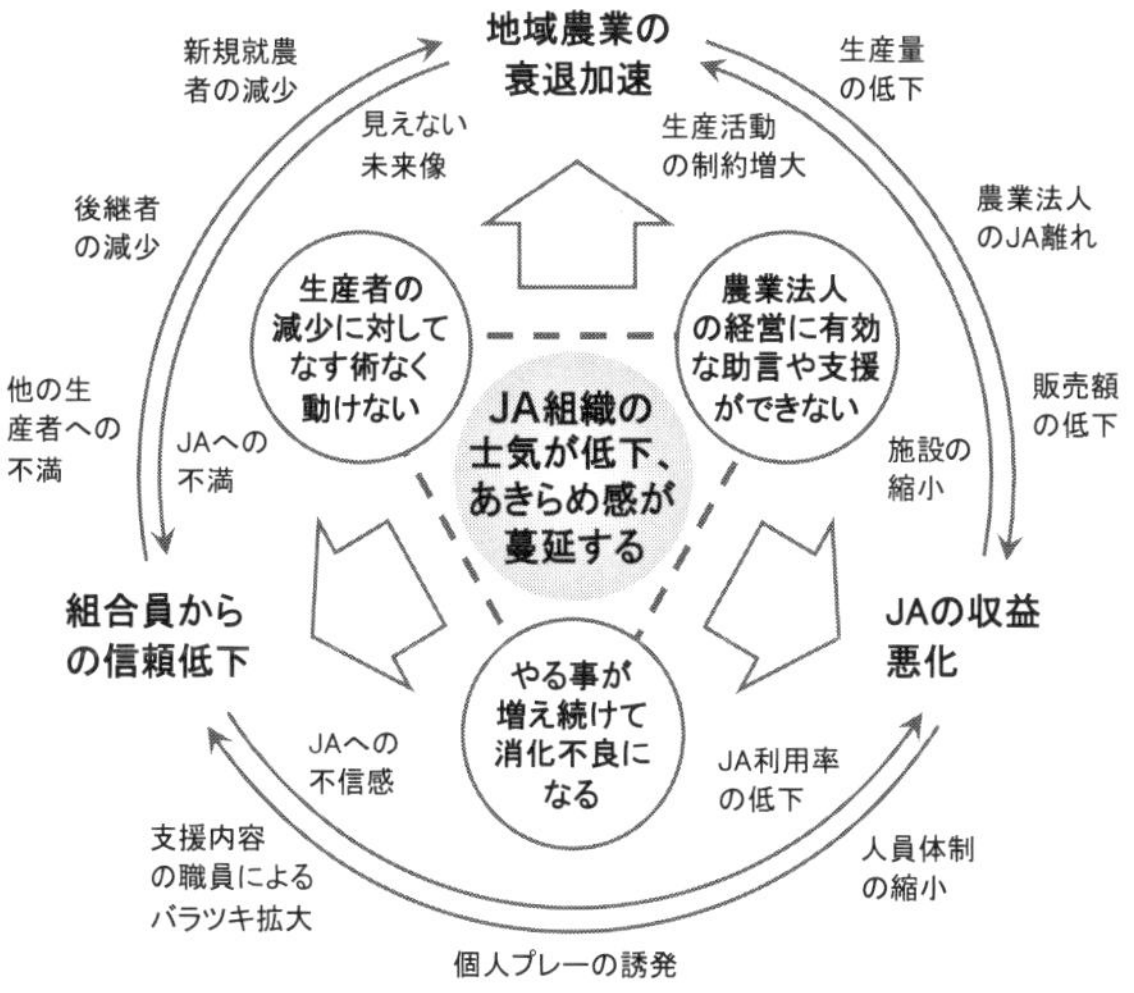

これら三つの力が弱いと、図表40のような状態に陥ってしまいます。

三つの力の大切さを少しご理解いただけましたか?腑に落ちるまでじっくりと考え、もし違和感があるようであれば手を加えて、自らのものにしていただきたいと思います。人から与えられた考え方や枠組みを鵜呑みにして、「わかったつもり」になることはよくありません。みんなで話し合っていただくと良いと思います。

「三つの力が十分備わっている」と胸を張って言えるようなJAは少ないのではないかと思います。自らの状態を冷静に捉えて、一歩一歩進むことが大切です。ビジネス情報誌が報じるJAランキングなどに一喜一憂する必要はありません。

それでは具体的に、自らの状態を捉えるためには、どうしたら良いか考えてみたいと思います。

三つの力が備わっているかどうかをチェックする

みなさんのJAの状態を確認するためのチェックリスト(図表41)を紹介します。三つの力を具体的に捉えて理解を深め、みんなで共有していくためにも役立ててもらいたいと思います。

さらに細かいチェックリストに落とし込むことも可能ですが、まずは大きく捉えていただく

図表41　3つの力についての自己チェック

生産者や産地を育てる力	□ 生産者に必要な所得レベルを理解したうえで、生産者の成長段階を定義して、各段階の栽培の規模や方法、目標所得を明確にしている □ 目標所得を稼ぐための重点ポイントを明確にしたうえで、望ましくない状態を察知して適切に助言・支援するコミュニケーション方法と体制が確立できている □ 生産者とJA及び関連組織が協力して、作物の品質や生産性を高めていきながら産地を強化していく「中期の道筋」を描いたうえで、年度方針・計画に落とし込み、着実に実行できるようになっている
農業法人の経営を支援する力	□ 法人経営でよく起こる問題や課題をJA内で共有したうえで、それらの問題や課題に対する支援方針や具体的な方法を見える化して共有している □ 農業法人の抱える問題や課題を察知して、適切に助言・支援するコミュニケーション方法と体制が確立できている □ 法人経営で必要となる意思決定や判断のポイントを押さえたうえで、法人の経営者に対して経営者目線での助言を行うことができる
達成事項をもとに業務を見直す力	□ その業務によって「『誰が』『どのような状態になる』ことを目指しているのか」という目的や達成事項を意識して、業務を遂行できている □ 部署の責任及び役割を明文化したうえで、目的や達成事項をもとに業務を体系化し、業務の分担、職員の目標管理、業務の見直しにつなげている □ 複数の部署が連携・協力して生産者や地域に貢献していくために、部署横断的に目標・方針・施策を検討・実行していく流れを見える化し、継続的に改善できている

ために項目を絞っています。

◆常に地域の生産者を視野に入れた活動を！

ＪＡ内の事業収支の改善や組織内の問題の解決に追われてしまうと、生産者のことが軽んじられる恐れがあります。図表42を見ていただくと、紹介した三つの力は地域の生産者全体に関わる力であることがわかると思います。

三つの力をどれだけ備える必要があるかは、地域の農業法人、産地、生産者などの状況によって異なります。

ここで紹介した三つの力をもと

図表42　地域の生産者、JAの課題と3つの力の関係

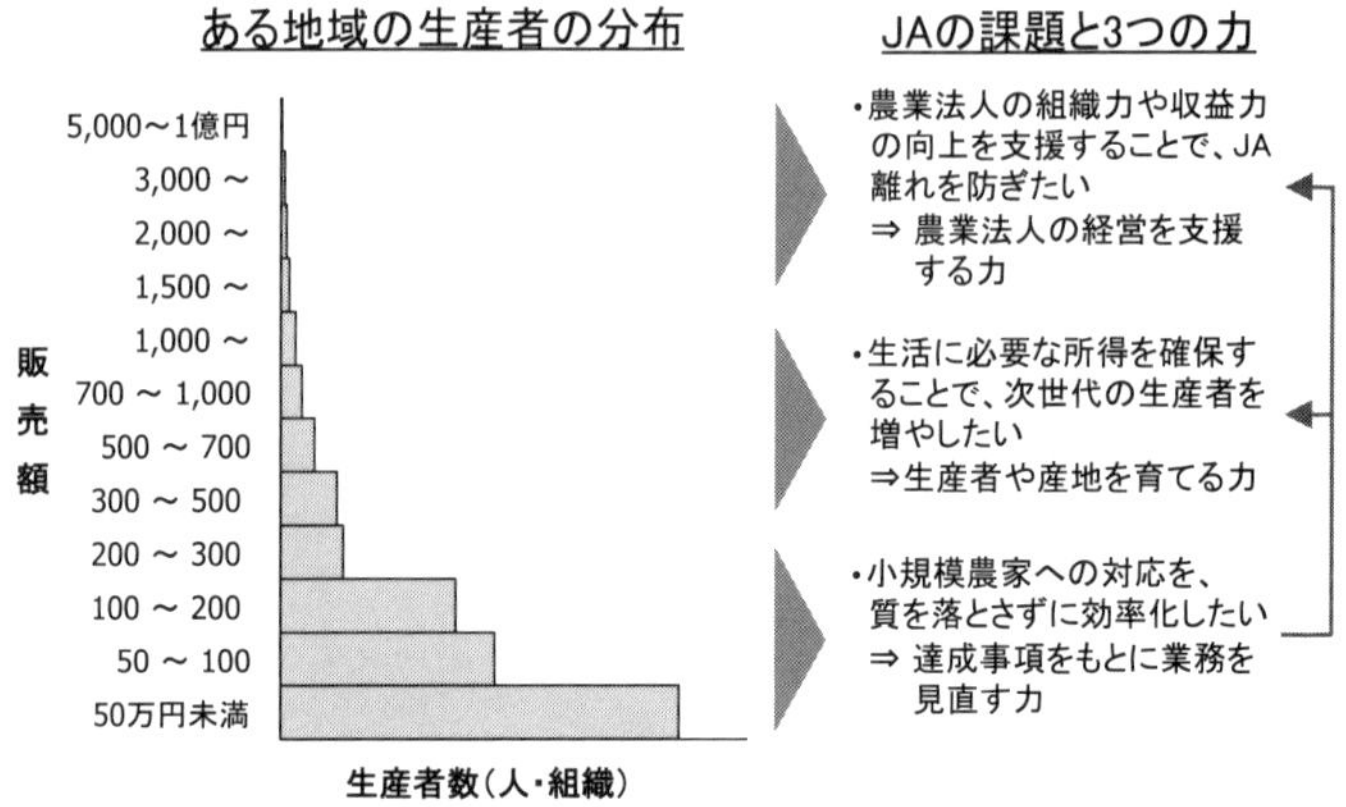

に、中期経営計画で定めた取り組みを再確認してみるのもよいでしょう。

ビジネスモデルの再構築の必要性

企業においても収支改善への取り組みは常に進められています。〝改善〟という言葉からイメージされるように、ほとんどは原価の低減につながるような効率化や無駄の削減が多くを占めています。

しかし、そのような収支改善では不十分な場合があります。例えば、百店舗を持つ飲食チェーンがあったとします。各店舗の業績にはバラつきがあり、業績の良い店、普通の店、悪い店があります。もしも良い店、普通の店、悪い店の割合が二対六対二となっているのならば、二割を占める業績の悪い店を改善していくのがよいでしょう。しかし、もし業績の悪い店が九割以上を占めていたとしたらどうでしょうか？

　この飲食チェーンのビジネスモデル自体に根本的な問題があると考えるべきでしょう。そのような状態において、悪いところを部分的に改善していく方法では限界があります。現場で働く人も、「そもそもの事業の根幹に問題があり、改善というレベルでは限界がある」という感情を抱くでしょう。

　つまり、ビジネスモデル全体を見直して再構築するような抜本的な取り組みが必要となるのです。経済事業の内容や収益を見ていると、このような抜本的な取り組みが急務であり、黒字化は非常に困難なことがわかります。

　ＪＡの経済事業の方々と話をしていると、一種のあきらめ感のようなものを感じることがありました。

現在のビジネスモデルの課題を明確にする

ビジネスモデルの再構築に向けた五つの検討事項

ビジネスモデルの再構築が必要な場合、収益構造の全体像を捉えて、関係者で対話を重ねていく必要があります。全体像を捉えるための第一歩として、図表43のように生産者とＪＡの収益の関係を示し、主な項目について金額や利用率などの数値も明確にすることです。

これまでＪＡは、生産者の所得増大に向けて、生産の拡大、法人化の促進、資材価格の引下げといった努力を積み重ねてきたと思います。しかしその一方で、経済事業の収益を犠牲にしてきた部分もあるのではないでしょうか。

生産者とＪＡの収益構造を並べ、それらの関係性を見えるようにすることでビジネスモデルの再構築に向けた課題が見えてきます。次のようなことを進めながら課題を明確にしていきましょう。

(1) 収益情報をもとに、生産者の置かれている立場を理解する

図表43 地域の生産者とJAの収益との関係

地域の生産者の収益

			兼業農家	専業農家	認定農業者	農業法人
			＊人	＊人	＊人	＊社
収入	販売	直接販売	***	****	****	****
		産直販売	***	****	****	****
		市場出荷 米穀	***	****	****	****
		市場出荷 園芸	***	****	****	****
		市場出荷 畜産	***	****	****	****
		加工・業務用	***	****	****	****
	家事消費等		***	****	****	****
	雑収入	作業受託収入	***	****	****	****
		補助金	***	****	****	****
		共済金	***	****	****	****
		計	***	****	****	****
経費	荷造運賃手数料		***	****	****	****
	農薬衛生費		***	****	****	****
	肥料費		***	****	****	****
	飼料費		***	****	****	****
	素畜費		***	****	****	****
	種苗費		***	****	****	****
	諸材料費		***	****	****	****
	雇人費		***	****	****	****
	作業用衣料費		***	****	****	****
	雑費		***	****	****	****
	修繕費		***	****	****	****
	農具費		***	****	****	****
	動力光熱費		***	****	****	****
	減価償却費		***	****	****	****
	小作料・賃借料		***	****	****	****
	土地改良費		***	****	****	****
	利子割引料		***	****	****	****
	租税公課		***	****	****	****
	農業共済掛金		***	****	****	****
		計	***	****	****	****
事業収益			***	****	****	****

JAの収益

	売上 兼業農家	売上 専業農家	売上 …	売上 計	変動費	固定費 (参考)JA組織	固定費	事業収益
米穀販売	***	***	…	***	***	営農センター／米穀課／営農企画課	***	***
種子センター	***	***	…	***	***		***	***
育苗センター	***	***	…	***	***		***	***
ライスセンター	***	***	…	***	***		***	***
カントリーエレベーター	***	***	…	***	***		***	***
精米施設	***	***	…	***	***		***	***
大豆乾燥施設	***	***	…	***	***		***	***
倉庫	***	***	…	***	***		***	***
農産指導	***	***	…	***	***		***	***
米穀計	***	***	…	***	***		***	***
園芸販売	***	***	…	***	***	園芸課	***	***
青果物直売	***	***	…	***	***		***	***
加工品販売	***	***	…	***	***		***	***
園芸センター	***	***	…	***	***		***	***
園芸施設	***	***	…	***	***		***	***
園芸指導	***	***	…	***	***		***	***
園芸計	***	***	…	***	***		***	***
畜産販売	***	***	…	***	***	畜産課	***	***
家畜人工授精	***	***	…	***	***		***	***
堆肥施設	***	***	…	***	***		***	***
キャトルセンター	***	***	…	***	***		***	***
畜産指導	***	***	…	***	***		***	***
畜産計	***	***	…	***	***		***	***
生産資材	***	***	***	***	***	資材課	***	***
農機	***	***	***	***	***		***	***
購買計	***	***	***	***	***		***	***
農業融資	***	***	***	***	***	支店／金融共済課	***	***
農業共済	***	***	***	***	***		***	***
貯金	***	***	***	***	***		***	***
他事業計	***	***	***	***	***		***	***

(1)収益情報をもとに生産者の置かれている立場を理解する

(2)各種サービスの利用状況を把握して問題点を洗い出す

(3)生産者の区分ごとにJAの収益への貢献状況を把握する

(4)収益性の低いサービスと問題点や原因を特定する

(5)黒字化に向けた組織や人材に関する課題を明確にする

(2) 各種サービスの利用状況を把握して、問題点を洗い出す
(3) 生産者の区分ごとにＪＡの収益への貢献状況を把握する
(4) 収益性の低いサービスと問題点や原因を特定する
(5) 黒字化に向けた組織や人材に関する課題を明確にする

これらについて、もう少し紹介していきます。

(1) 収益情報をもとに、生産者の置かれている立場を理解する

「もっとたくさんつくって出荷してほしい」というＪＡの気持ちもあると思いますが、生産者が作物をつくるのは生活のためです。「健康に配慮して生活に必要なお金を稼ぎたい」というのが生産者の気持ちであり、生産者の生活の様子や必要なお金などを理解することが求められます。生活に必要なお金については、家族構成や家族の情報がヒントになるでしょう。

(2) 各種サービスの利用状況を把握して、問題点を洗い出す

まずは、販売委託、資材購入、施設利用、資金調達、営農指導などのサービスを、どのくらいの生産者が利用しているかを把握します。販売委託や資材購入などのＪＡの利用率は、活用

できるデータから推測する必要がありますが、何らかの指標と算出方法をもとに数値化すべきです。なぜなら、取り組みによる進捗が明確になるからです。

営農指導については、経営指導や栽培指導の中身を掘り下げて、どのくらいの生産者に対して、どのような助言や支援を行っているのかを把握します。これらの事実をもとに、問題点を洗い出していきます。

(3) 生産者の区分ごとにＪＡの収益への貢献状況を把握する

生産者の区分によって、ＪＡの利用状況は異なります。近年は地域農業の継承を目指すために、認定農業者や農業法人への支援を重視する傾向にありますが、小規模農家や兼業農家がＪＡの収益にどれだけ寄与しているかも確認しておく必要があります。ＪＡを維持していくためにも収益に貢献してくれている生産者を軽視すべきではありません。

思考の癖を修正せよ⑲

認定農業者や大規模経営体のみがＪＡの事業収益に貢献しているとは限らない。
データをもとに認識を揃えよう。

⑷ 収益性の低いサービスと問題点や原因を特定する

有償サービスだけでなく、無償で提供している支援も含めて、職員が生産者に提供している価値の全体像を捉えたうえで、収益性の低いサービスを明確にしていきます。合併の過程で低くなった販売手数料や施設の利用料金、本来生産者自らに行ってもらいたいことなど、問題点を洗い出して、原因について考えてみましょう。変動費の時点で赤字となっているサービスは、「職員の人件費やその他固定費まで賄うことは不可能」というあきらめ感が先行して、黒字化が困難になります。

⑸ 黒字化に向けた組織や人材に関する課題を明確にする

最後に生産者にサービスを提供するために必要な体制について、課題を明確にします。「各部署に必要な人員が充てられているか」「職員は生産者に価値を提供しつつもＪＡの収益も確保するような動きをしているか」といった観点からも課題を洗い出していきます。今まで出向く営農を強めてきたと思いますが、これからは狙いを持って出向く営農が必要ではないでしょうか。

次世代のビジネスモデル構築に向けて

収益構造の見える化から得られた気づき

収益構造の見える化では、生産者の収益とＪＡの収益を左右に取り、それらの関係性を押さえました。ＪＡの収益構造を考える際には、米穀、園芸、畜産といった農畜産物の区分の切口を用いることが多いようです。農畜産物の区分によって専門性が異なり、部署が分かれていることも多く、各部署で収益を管理する狙いもあります。

しかし、事業戦略を策定する際には様々な見方で考え、事業の成功要因について考えることが大切になります。その見方の一つが事業経済性であり、代表的なものが「規模の経済」と「稼働率の経済」です。（その他に習熟の経済、範囲の経済、密度の経済などがあります）

□規模の経済　製造・販売する製品の量が増えるほど、開発等にかかった固定費の負担が減って製品あたりのコストが減る

□稼働率の経済　設備で生産・加工する量を増やすことで、設備の固定費の負担が下がって

各種施設は稼働率の経済、営農指導は？

まず、米の乾燥施設、野菜や果物の選果・集果施設などでは、稼働率の経済が重要となります。施設の稼働率が高くなればなるほど、設備の稼働に必要な人件費などの固定費の比率が下がるからです。それでは、営農職員の活動を通した販売受託や生産資材の販売については、どのような事業経済性で考えればよいでしょうか？

まずは図表44をご覧ください。これはあくまで一例ですが、どの地域でも同様の試算ができるのではないでしょうか？ここで大切なことは、営農職員が「自らの活動が、ＪＡの収益にどれだけ貢献しているのか」という意識を持つことです。

図表45に、営農職員に利益への意識を持ってもらうための利益構造を示しました。本来は左側に売上、右側に費用とするのが正しいのですが、「販売高の一定の割合がＪＡに入ってきて、自分たちの人件費や費用を差し引いた分がＪＡの利益になる」と感覚的に捉えてもらうことを目的とした表現にしています。

一方、営農職員に利益の現状を伝える際は、少し配慮が必要です。

図表44 ある地域の営農職員の活動による収益貢献

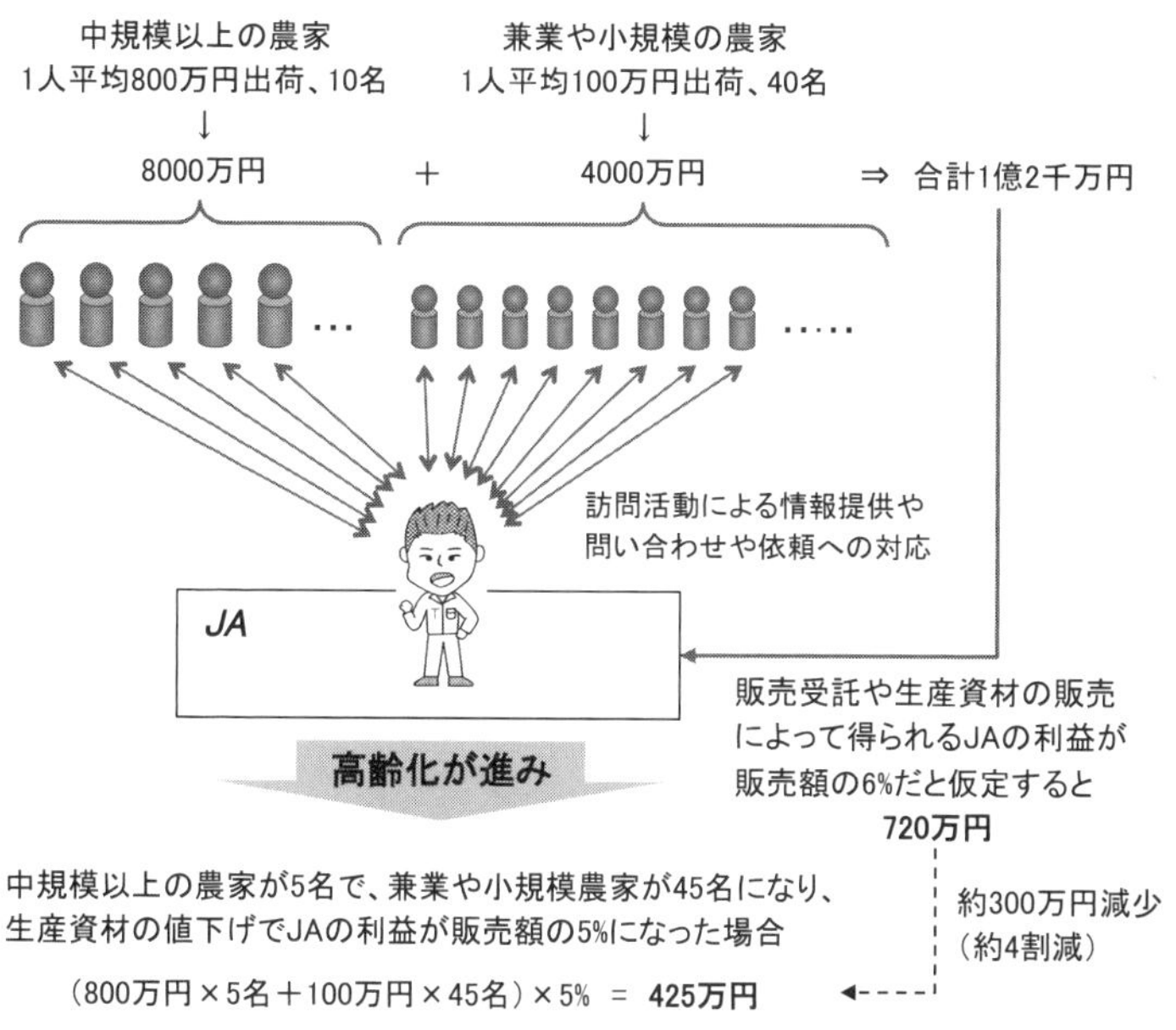
中規模以上の農家
1人平均800万円出荷、10名
↓
8000万円
＋
兼業や小規模の農家
1人平均100万円出荷、40名
↓
4000万円
⇒ 合計1億2千万円
訪問活動による情報提供や
問い合わせや依頼への対応
JA
販売受託や生産資材の販売
によって得られるJAの利益が
販売額の6%だと仮定すると
720万円
高齢化が進み
中規模以上の農家が5名で、兼業や小規模農家が45名になり、
生産資材の値下げでJAの利益が販売額の5%になった場合
約300万円減少
（約4割減）
（800万円×5名＋100万円×45名）×5% ＝ 425万円

図表45 A地域で得られるJAの利益

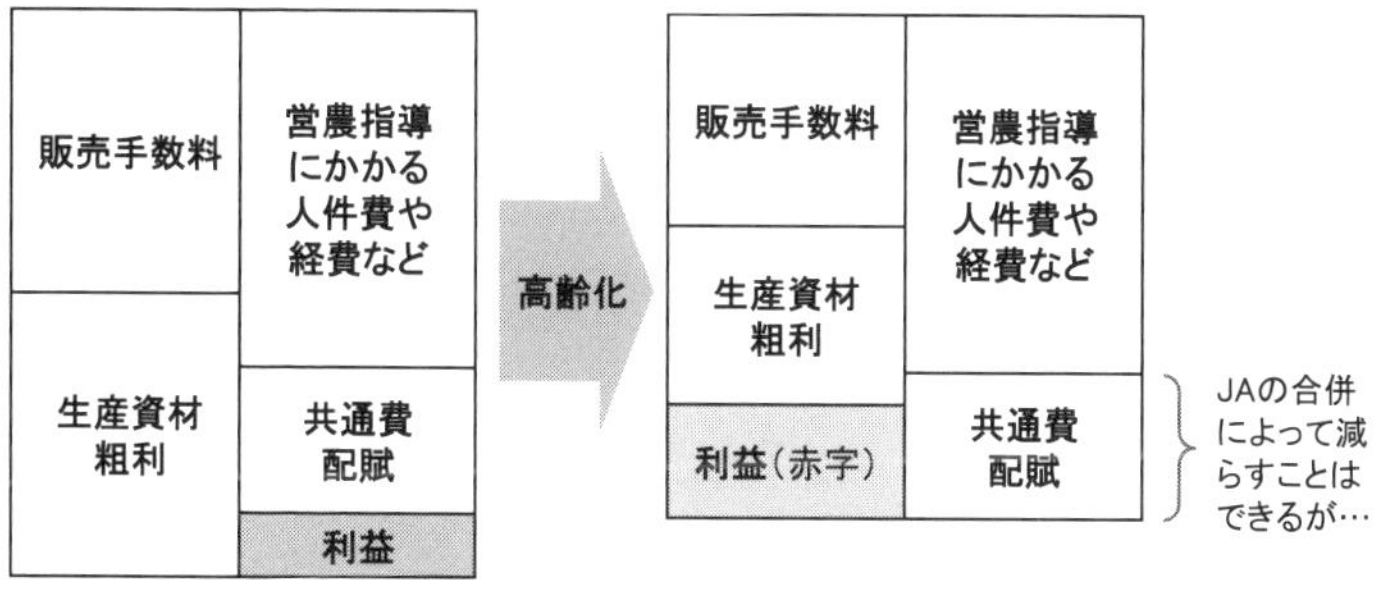
販売手数料
営農指導
にかかる
人件費や
経費など
生産資材
粗利
共通費
配賦
利益
高齢化
販売手数料
営農指導
にかかる
人件費や
経費など
生産資材
粗利
利益（赤字）
共通費
配賦
JAの合併
によって減
らすことは
できるが…

「そんなことを言われても、自分が担当する地域では黒字化は難しい」といった職員の反応が予想されるからです。そもそも、営農経済事業を黒字化することは非常に難しいことは以前も述べました。そのため、ＪＡにおける営農経済事業の位置づけをはっきりさせておくことが重要になります。

ＪＡにおける営農経済事業の位置づけの明確化

図表46に営農経済事業と他事業の関係を示しました。

生産者を支援する営農職員の活動が、農畜産物の出荷、生産資材の購入、施設の利用に貢献しています。また、信用共済事業などの他事業は、生産者だけでなく非農家に対してもサービスを提供して利益を得ています。

まず評価すべきは、営農職員による活動によって、生産者の他の事業の利用につながっていることでしょう。また、もし各種施設が赤字だったとしても、地域農業のための必要な投資であることで説明がつくかも知れません。

そのようなことを踏まえても、営農職員による活動の結果が赤字となった場合にはどうすればよいでしょうか？特に都市型のＪＡでは営農職員の活動で黒字とすることは難しく、他事業

図表46 JAにおける営農経済事業の位置づけ

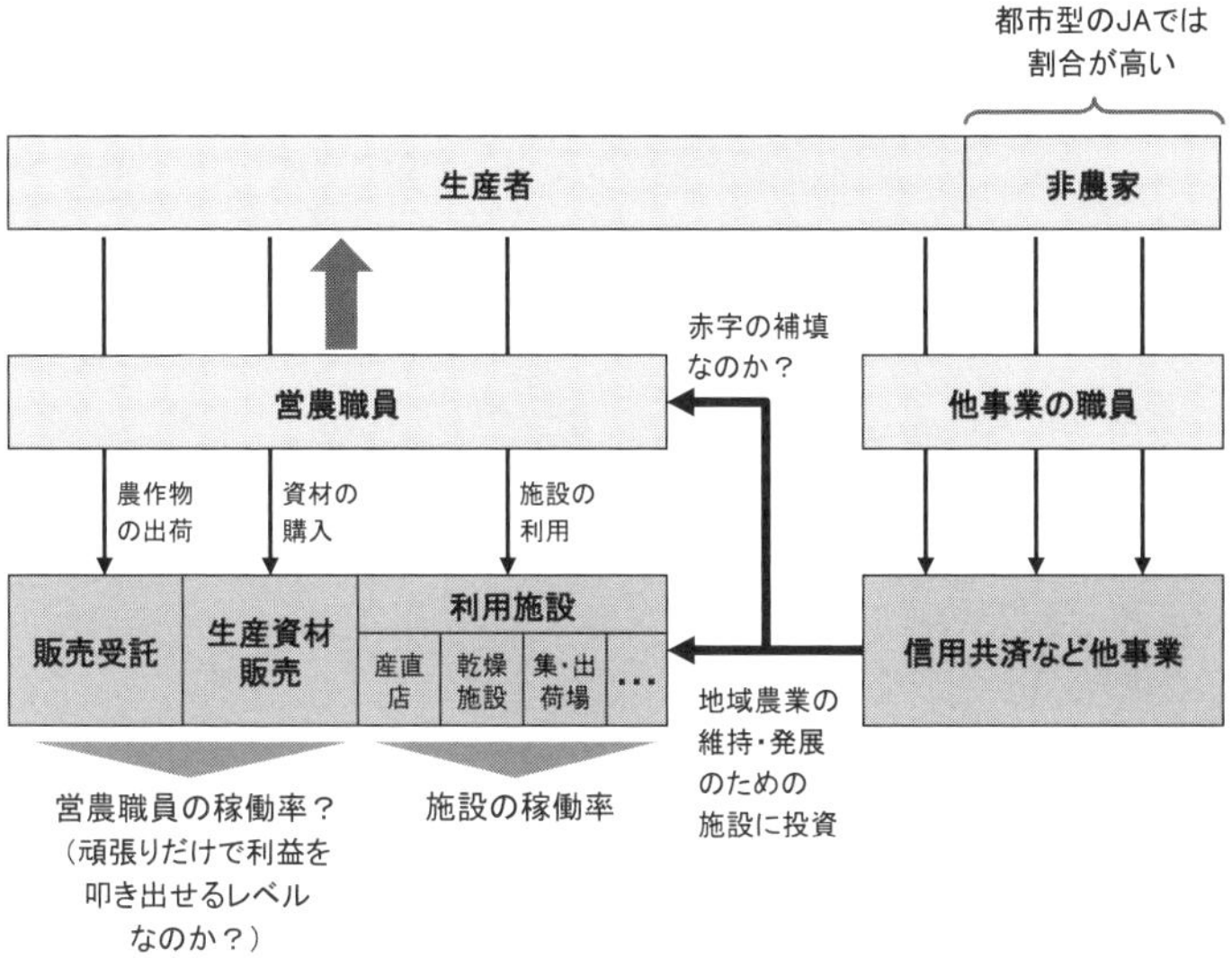

によって赤字が補填されているようなイメージもあるかも知れませんが、そのような考え方では明るい未来は描けません。

営農職員の稼働率の経済と考えるのでは限界がある

先に述べた事業経済性について考えてみましょう。営農職員の活動によって得られる利益は、営農職員の稼働率の経済を働かせるという考え方でよいのでしょうか？

以前よりも小規模の生産者が増えて、訪問や支援の負担は大きくなっています。営農職員の稼働率を上げるということは、朝から晩まで休みなく働かせることになりかねません。以前はそのような考え方も通用したかもしれませんが、今は難しいでしょう。

図表47 農業経営ノウハウによる規模の経済とノウハウのイメージ

農業経営ノウハウによる規模の経済

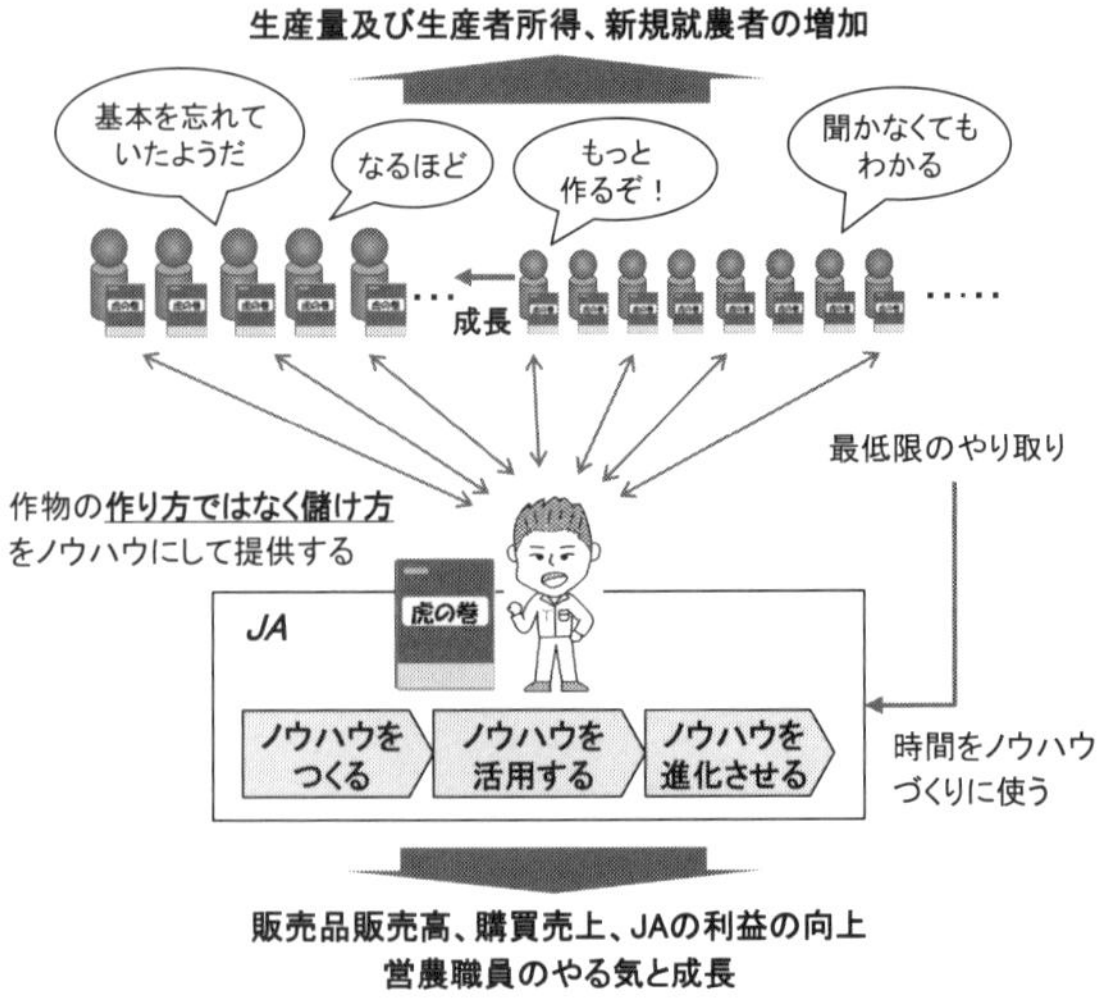

ノウハウのイメージ

もくじ	農作物の作り方と稼ぎ方のポイント
1. 楽しく楽に稼ぐために必要な心得を理解する	安定収入を得ている生産者が基本としている大切な考え方を持つ
2. どのように稼ぐのかを組み立てる	「いくら稼ぎたいのか」を決めて、そのための指標と目標値を決める
3. 植物の性質をもとに成長管理のポイントを押さえる	植物が成長していく過程と重要事項を考えて、栽培や管理の方法を考える
4. 病害虫を効果的に管理する	病害虫による影響と怖さを知り、その発生条件や時期を踏まえて防除を行う
5. 実施すべきことを効率的に、確実に進めていく	実行計画を立てて、栽培・管理、防除、収穫・出荷作業を適期に効率的に行う
6. 振り返りを通して、着実に進歩していく	よかったことの継続ともっとよくしたいことへの改善策を決める

ここで一つのアイデアが浮かんできました。それは、「営農職員によって開発された農業経営ノウハウに仕事をさせること」です（図表47）。つまり、ノウハウによる規模の経済を働かせることであり、営農職員はノウハウの開発者、営農職員の人件費は開発費であるという考え方となります。

そのような意味においては、今や存在感を失いつつある中央会が提供できる価値も大きいのではないかと思います。全国並びに県中央会には優秀な職員もいらっしゃるので、本領を発揮していただきたいと思っています。

経済事業の黒字化を実現する

黒字化を実現するための事業の成功要因と思考の転換

このように捉えると、図表48のような事業の成功要因が考えられます。

このようなビジネスモデルを実現するためには、どのようなことが必要でしょうか？

図表48 黒字化を実現するための事業の成功要因

事業の区分	JAとしての成功要因
販売受託	・**生産量を増やす**ことで価格交渉力を高める ・規格外品の活用、魅力的な**商品の開発**により、売上及び利益を得る ・**地元の人や地元を知る人のファンづくり**によって、産直売場や直売によって売上及び利益を得る
営農支援 ※ノウハウによる規模の経済が重要	・**農畜産業の栽培・経営ノウハウを開発・活用**し、生産量と生産者所得、新規就農者を増やす ・**農業法人の経営ノウハウを開発**して、農業法人の設立及び成長を支援する ・**各種経営ノウハウを開発・活用できる人材づくり**を進める
生産資材販売	・**栽培・経営ノウハウと連動した資材の供給**によって、利用率や予約販売率を高める ・**生産者のニーズを把握**した上で、品揃え、適正価格、必要在庫を確保する ・農機を売るのではなく、**農機を使った効率的経営を支援**する

例えば、営農職員には次のような思考の転換が必要です。

□生産者から頼まれたことを実施する
→生産者のためになることを考えて、気づいてもらうようにする

□生産者からの質問や問い合わせに丁寧に答える
→疑問点や不明点の少ない、わかりやすい資料をつくる

□生産者は言っても聞いてくれない
→直接言いにくいことをノウハウにして気づいてもらうように促す

□生産者はプロであり、営農職員にできることは少ない

↓儲け方や農業経営について教えることはできる

これらの思考の転換は、ＪＡの役員や管理職にも同様に求められます。生産者から理解が得られるように粘り強く説明していく必要があります。

思考の癖を修正せよ⑳
これからの営農職員のあるべき姿について徹底的に話し合い、過去の成功体験やしがらみから抜け出そう！

◆両者の収益構造をもとに、対話を重ねながら前進していく

収益の全体像を見える化した後の進め方を図表49に示しました。

最初に、営農経済部門内で現状や課題への認識を共有し合って、一枚岩になることが大切です。営農経済部門には職人気質の方も多いように思います。生産者から信頼されているかも知れませんが、事業全体を見直していくうえで「俺は考え方が違う。」などと言っていては前に進めなくなってしまいます。

営農経済部門で認識が共有できたら、他の事業部門との対話も必要です。これまで収益に貢

図表49 ビジネスモデルの再構築に向けたコミュニケーション

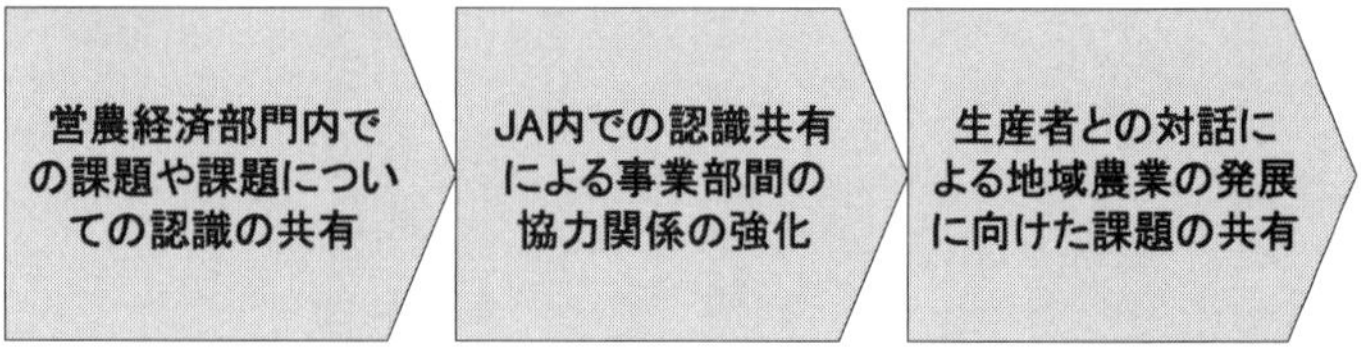

献してきた信用共済部門の今後の厳しい状況も共有して、互いに協力し合える関係を強めて、相乗効果を上げていく必要があるでしょう。

そして最後は、生産者との話し合いです。まずは常勤役員と非常勤の理事が現状を共有して、生産者とＪＡが地域の農業を維持・発展していくために、見直すべきことをお互いに共有し、合意すべきだと思います。

営農経済事業の強化に向けた意志は固まっているか？

ここで営農経済事業の収支改善を進めるための本質的な問題について触れておきたいと思います。

というのも、ＪＡや関係組織の方々と収支の改善について話をしてきて、少し引っ掛かることがあったからです。それは、人によって危機感に強弱があることです。もしかすると、「黒字化は目指すべきだが、今すぐでなくてもよい。」という気持ちがあるのかも知れません。

ＪＡは協同組合であり、組合員や地域の住民からの信頼や地域農業の継承への意識も強く、収益を追いすぎることへの抵抗も感じられます。

しかし、地域農業の継承や地域からの信頼のためにも、収益を確保する必要があります。ＪＡが収益を確保する意味を挙げてみました。

□作物や産地のブランド力を高めるための原資
□農業政策や事業など生産者にとって有効な情報を得るための原資
□生産活動を効率化する施設を導入・維持・更新するための原資
□生産者を支援して、地域に貢献する職員を採用・育成するための原資

収支改善への意識が低いと感じられる場合には、ＪＡの幹部や管理職が、その地域の事情を踏まえた「収支を改善する理由」を具体的に説明していくことも大切です。

第七章

変革活動を組み立てる

中期のゴールと課題を設定する

営農経済事業の〝真の変革〟とは？

〝真の変革〟とは、単に収益性を高めるだけでなく、収益を生み出す組織や人材が成長していける状態をつくることだと考えています。そのためには、事業や組織を組み立て直すとともに、成果を出し続ける仕組みを整備していく必要があります。

仕組みが整備されるまでを変革の完了とすると、最短でも五年はかかります。これまでに企業七社の変革活動を支援し、収益の大幅な改善など一定の成果につなげてきたものの、変革が完了したと言い切れるのは半数に満たない三社です。その中の一社の経営者は、「十年かかるかも知れないが、最後までやり切る」と社員に宣言し、覚悟を示していました。

「仕組みを整備する」と言うのは簡単ですが、外資系の製薬会社などを支援して感心したのは、成果を出すためのプロセスやガイドラインが揃っているだけでなく、組織の共通言語として根づいていることです。残念ながら日系企業の多くが、海外企業の仕組みの物真似であり、自分たちのものにできているとは言えない状況です。

また、仕組みを整備することは大切ですが、いきなり仕組みを入れても成果が出ないことの方が多いです。自分たちの市場や業界で自ら成果を出したうえで、成果を出せた〝勝ちパターン〟を仕組みに反映しなければ仕組みは機能しないのです。外からテンプレートを持ち込んでも駄目だということです。

変革を成功に導くためには、先を読む力が求められる

長い期間を要する変革を成功させるには、ゴールを決めて、課題を洗い出し、投入できるリソースも踏まえて、成功までのシナリオをできるだけ具体的にイメージする必要があります。つまり先を読む力が必要になります。

将棋界で藤井聡太さんが時の人となっていますが、対局の中継を見ていて興味深いのは、途中で一時間以上長考することです。おそらく他の棋士よりも先を読んでいるのではないかと思います。

ビジネスにおいても、世界一のモーターメーカーである日本電産の永守重信氏が、創業時に五十年計画を立てて「売上を一兆円にする」と宣言したそうです。四十年で目標を達成して今

図表50　中期ゴールの例

● 地域の農業をどのような状態にしたいのか、生産者と認識が合っている ● JAが地域の農業に貢献し続けていくための収益源と管理指標が明確になっている	<領域1> 地域営農ビジョン達成のための事業モデルの構築
● 生産者の所得や農業法人の収益を増やすための勝ちパターンが確立されている ● 産地のブランド化と担い手の世代交代を進めるための勝ちパターンが見えてきている	<領域2> 地域農業の継承・強化のための勝ちパターンづくり
● 地域への貢献とJAの収益を踏まえた目標を設定・達成していける組織になっている ● 生産者の真のニーズに応えられる職員を組織として支援できる仕組みができている ● 基本的な行動や意識によって、環境に合わせて変わり続ける風土がつくられている	<領域3> 環境に合わせて変化し、挑戦する組織・人づくり

や売上一・五兆円に達しましたが、当初の計画がどれだけ具体的だったのか、機会があれば拝見したいと思っています。

成功のシナリオを描く前提となる中期で目指すゴール

大前提として、ゴールが異なればシナリオは変わります。図表50のような状態をつくることを仮のゴールとして、考え方やヒントを紹介していきたいと思います。

実際には、地域の作物や生産者、ＪＡの事業や体制などに関する具体的なゴールを決める必要がありますが、実現したいことの範囲に注目していただきたいと思います。事業全体の組み立てから組織や人材という内部の体制の強化まで広くカバーしています。

中期ゴールを達成するために取り組むべき課題例

ゴールを設定したら取り組むべき課題を設定します（図表51）。

ここでは十五個の課題を示していますが、これらの課題はさらに具体的な取り組み事項に分解されます。取り組みのイメージをもって適度なレベル感の課題を設定する〝課題を設定する技術〟が求められます。「このようなレベル感で適度と言えるのか？」と聞かれても、なかなか応えるのは難しいですが、私自身は実際に取り組みを進められるレベルまで具体化していくイメージを持てています。なぜなら似たような課題の解決を支援したことがあるからです。

つまり、課題設定の技術は、課題を解決した経験によって備わっていくものなのです。

図表51 営農経済事業の変革に必要な課題例

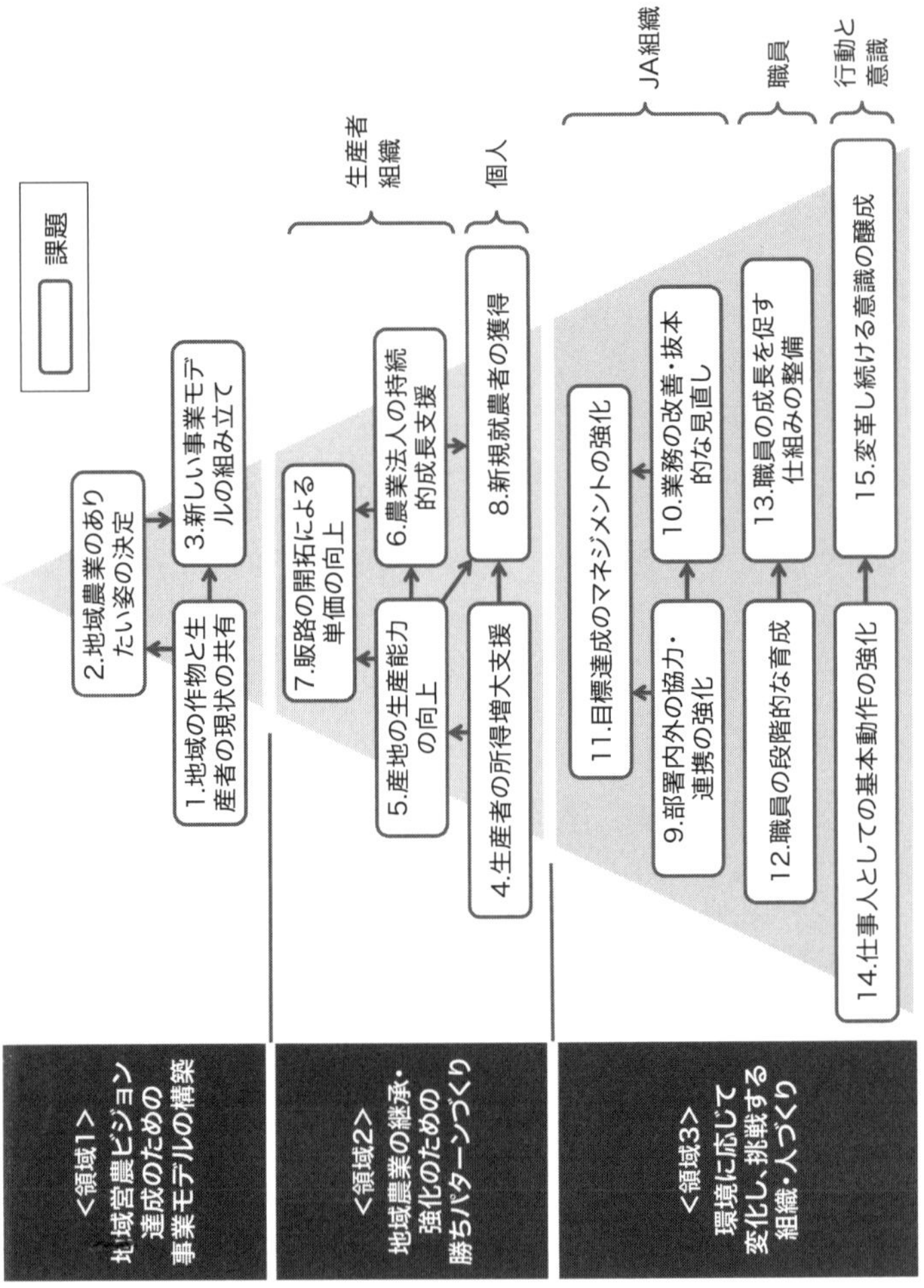

成功のシナリオを描く

中期のシナリオを立てる際に考えること

ゴールと課題について共有できたら、いよいよ成功のシナリオを描いて中期のロードマップに落とします。よく見られる過ちは、課題を洗い出した後に、すべての課題に着手してしまうことです。課題と課題のつながりや、課題の解決に割くことができる人員や時間を考慮しないと、変革を全うすることは難しくなります。

思考の癖を修正せよ㉑

すべての課題への取り組みを同時に始めてしまうと、変革活動はとん挫する。目指すゴールに向けて段階的に進めていくイメージを共有しよう。

中期ロードマップを策定する際には、次の三点を押さえておくとよいでしょう。

(1) トップダウンとボトムアップの両方から考える

図表52 トップダウンとボトムアップ

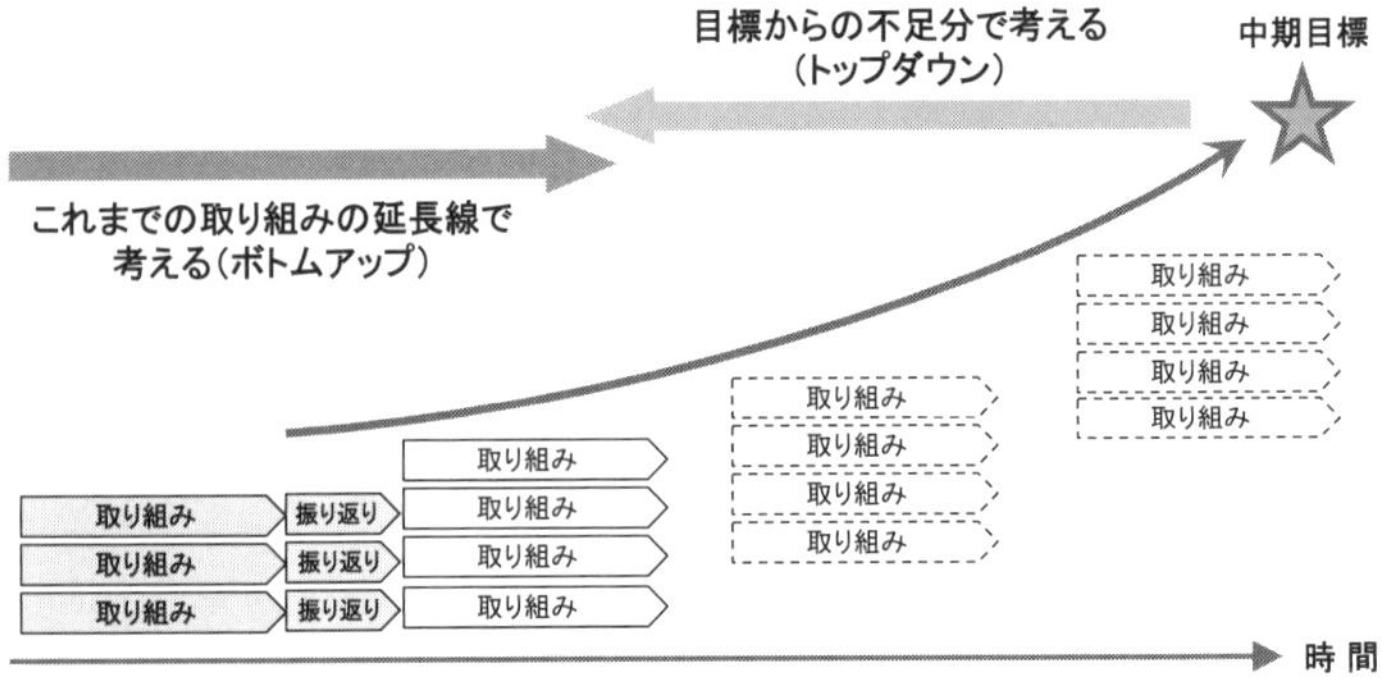

(2) つくりたい状態をもとに、いくつかの段階を定める
(3) 感情の変化を踏まえてＪＡチームを強くしていく

(1) トップダウンとボトムアップの両方から考える

トップダウンというと、企業や組織の代表者が号令をかけて進めていくという意味で捉えられるかもしれませんが、ここでいうトップダウンは、目標を達成するために必要な課題や取り組み事項に分解し、そのことで得られる効果と目標値の整合を取ることを意味します。

一方、ボトムアップは「できること」を実施していくことであり、その取り組みを進めても中期の目標を達成できるかどうかは見えていません。

本来、トップダウンで進めるべきではないかと思われるかも知れませんが、目標数値を達成するための行動に落とし込み、やり切るという経験に乏しい場合は、最初はボトムアッ

図表53　段階の刻み方の例

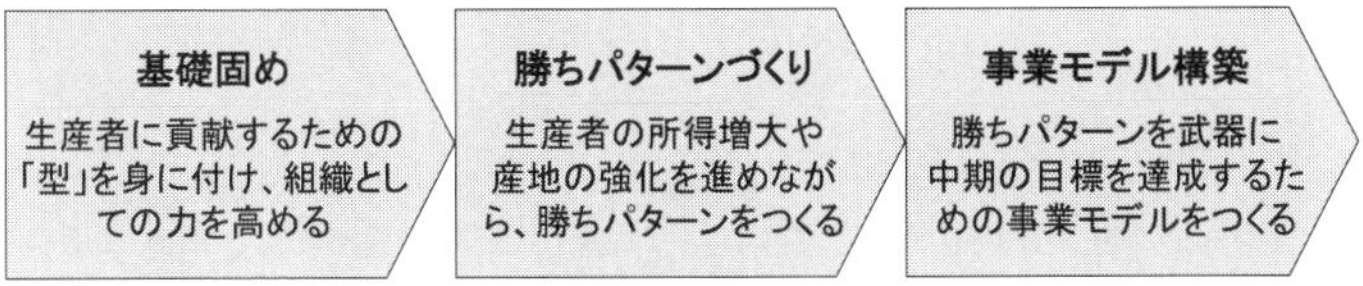
基礎固め
生産者に貢献するための「型」を身に付け、組織としての力を高める
勝ちパターンづくり
生産者の所得増大や産地の強化を進めながら、勝ちパターンをつくる
事業モデル構築
勝ちパターンを武器に中期の目標を達成するための事業モデルをつくる

プで勢いをつける必要も出てきます。課題設定の技術と同様、課題解決を通してトップダウンで考える力が身につくのです。（図表52）

⑵ つくりたい状態をもとに、いくつかの段階を定める

定める段階の数は、三〜四つです。課題や取り組みの細かい部分に入りすぎると段階は定められません。例えば図表53のようなレベルで考えてみることです。

要は、「基礎を固めて」「勝ちパターンをつくって」「事業のモデルを組み立てる」ということです。このように「要は〜」と考えることも経営幹部に求められる力です。

⑶ 感情の変化を踏まえてＪＡチームを強くしていく

「正しいことを示せば動く」という考えは危険です。現場や実務を知っている方ならわかると思いますが、「みんながやりたいと思わなければ動かない」という組織は多いのではないでしょうか。現場経験のないコンサ

図表54　感情の変化を考慮したサイクル

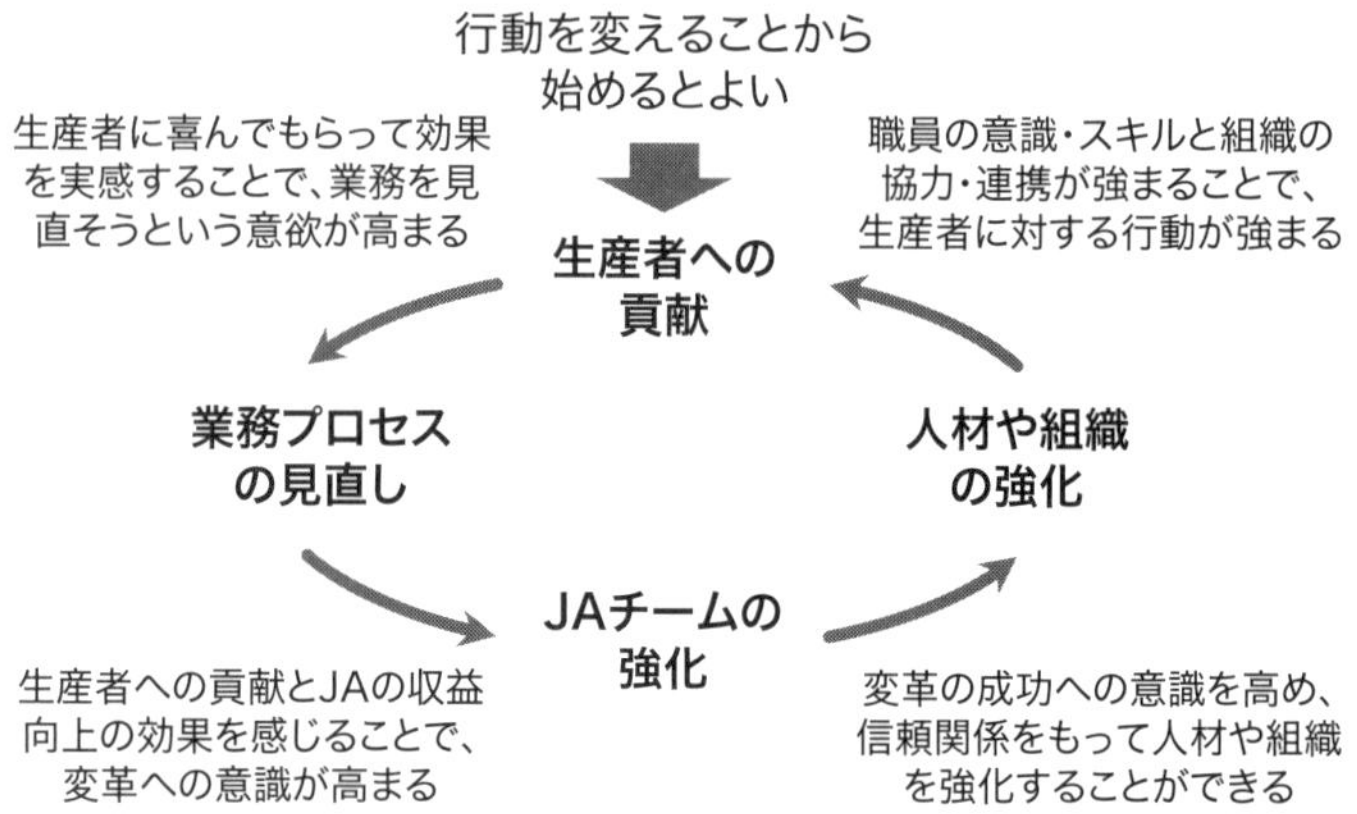
行動を変えることから始めるとよい
生産者への貢献
生産者に喜んでもらって効果を実感することで、業務を見直そうという意欲が高まる
業務プロセスの見直し
JAチームの強化
生産者への貢献とJAの収益向上の効果を感じることで、変革への意識が高まる
人材や組織の強化
変革の成功への意識を高め、信頼関係をもって人材や組織を強化することができる
職員の意識・スキルと組織の協力・連携が強まることで、生産者に対する行動が強まる

ルタントには不思議に映るようですが、普通のことだと思います。

つまり変革を進めていく中での感情の変化がポイントとなります。感情の変化を考える際に、図表54のようなサイクルを意図しておくとよいと思います。

変革活動の初期は危機感を持った少数の人達を巻き込みながら基本的なことから始め（つまりボトムアップを強めにして）、成功体験を積み重ねながら事業を変革するＪＡチームを強くしていくことです。

結果が期待できそうなところから行動を変え、生産者に喜んでもらったうえで業務を見直し、ＪＡチームの輪を広げて人材や組織を強め、生産者に貢献していくという流れです。

図表55 中期ロードマップのイメージ

	基礎固め 生産者に貢献するための「型」を身につけ、組織としての力を高める	勝ちパターンづくり 生産者の所得増大や産地の強化を進めながら、勝ちパターンをつくる	事業モデル構築 勝ちパターンを武器に中期の目標を達成するための事業モデルをつくる
全体目標	・地域農業の現状を共有したうえで、生産者に貢献するための「型」を身につける	・地域営農ビジョンを共有し、地域に貢献するための勝ちパターンをつくりながら組織と人材を強化する	・地域農業の継承と事業収益確保のための目標を設定・達成する体制と仕組みを確立する
＜領域1＞ 地域営農ビジョン達成のための事業モデルの構築	・地域の作物と生産者を見える化し、守っていきたいことを明文化する	・地域農業のありたい姿について認識を合わせる ・事業の収益構造をつかみ、強みを洗い出す	・強みを活かして地域農業に貢献しつつ、収益を確保できる事業モデルを組み立てる
＜領域2＞ 地域農業の継承・強化のための勝ちパターンづくり	・生産者の真のニーズをつかみ、若い生産者を中心に向上意欲の高い生産者の農業経営を強化する	・生産者の栽培技術のバラツキを抑える ・既存施設の生産性を高めることで産地を強化する ・農業法人の成長段階を見える化し、組織力の向上を促す ・魅力的な就農提案をつくる	・栽培効率を上げて生産者の収益性を高める ・産地の生産能力向上の中期策を意思決定する ・販路開拓により単価を高める ・新規就農者獲得の勝ちパターンをつくる
＜領域3＞ 環境に応じて変化し、挑戦する組織・人づくり	・先を見据えてみんなで心配事を解消することで組織の協力・連携を強める ・上司と対話しながら、職員が生産者への貢献の「型」を身につける ・変革を進めるために必要な基本動作や思考を確認する	・部署間の連携の強化と問題の再発防止により、生産者への支援体制を強める ・成長ステップをもとにして、上司が職員の目標設定とその達成を支援する ・限られた時間をうまく使いながら、変化を重ねるため工夫を重ねる	・目標と課題を適切に設定して達成していける組織をつくる ・成長ステップを軸として職員の成長を促す仕組みを整備する ・ノウハウをつくる力を身につけ、さらなる挑戦のための決め事をつくる

中期ロードマップの策定

ここまで考えてきたことをもとに、中期のロードマップに落としたのが図表55です。ここでは、図表53で刻んだ各段階で達成することを明確にしています。何を行うかという〝手段〟ではなく、何を達成するのかという〝ゴール〟を強調し、手段はみんなで考えるという前提でロードマップを策定していきます。

◆変革というマラソンのようなレースを完走して得られるもの

節目節目で「到達できたこと」「もっと良くしたいこと」を確認して、活動を続けることへの意欲を高めながら粘り強く進めていけば、変革は必ず実現できると考えています。

変革の成功シナリオを描くためには、事業を強化する活動の経験と想像力を要すると述べました。最初にシナリオを立てて修正しながら進んでこそ、学習を伴う実のある経験になり、想像力も備わっていくのです。

変革を大々的に立ち上げたものの、打ち上げ花火のように終わってしまうことも珍しくありません。変革活動は決して派手なものではなく、地道に走り続けるマラソンのようなものです。しかし、完走した時の喜びや達成感は、ＪＡだけでなく地域にとって大きな成功体験になるはずです。

これから

これまでの変化とこれからの変化

世界が今までに経験したことのないレベルで大きく変わっていく

今のような状況になると誰が予想していたでしょうか？

新型コロナウィルスは全世界に広がって、多くの日本人が楽しみにしていた東京五輪が延期になりました。それだけでなく、発生から二年以上で私たちの生活やビジネスの環境はすっかり様変わりしてしまいました。

令和四年二月からは、ロシア・ウクライナ危機が始まりました。これは単なる二国間の争いではなく、グローバルでの覇権争いが背景にあるような気がしてなりません。グローバリズムと反グローバリズムのぶつかり合いであり、その影響は拡大しています。また、貿易金融など世界的な仕組みも新しい技術によって革新されようとしています。

これからも大きな変化が続くことが予想されます。日本はどうなっていくのでしょうか？何が起こるのかを予想することは難しいことですが、全世界的に様々な仕組みが変わろうとしていることと、日本では人口減少による衰退がこれまで以上に進むことの二つを前提として、様々な想定を持って備えておくべきでしょう。

この先の変化について考えるうえでも、これまでの約二十年について振り返っておきたいと思います。

◆二〇〇一年以降の企業経営に触れて

私事ですが、令和三年三月で経営コンサルタントになって二十年を迎えました。この節目をもって経営コンサルタントとしての活動は終了して、新しい仕事はお受けしないことにしました。

これまでの二十年を振り返ると、この先に不安を感じて企業の永続に向けた変革を進めようとしていた経営者の顔が浮かびます。

世界シェア四割を誇る自動車部品メーカーの社長に、「次の経営者を誰にするか考えている。あなたはどう思いますか？」と意見を求められたことがあります。若干三十二歳だった私にも意見を求めようという必死さや謙虚さを感じると同時に、期待に十分応えられるような話ができなかった当時の自分の力のなさを情けなく思っています。

また、飲食や福祉など様々なサービスの事業を持つ一部上場企業の全社発表会で、私が「顧客の声から課題を決めて、プロセスやデータをもとに真の原因を突き止めて、策を打つことが身につきつつある。これからは収益を大きく改善して、効果を是非実感していただきたい」という主旨の講評を述べた際、当時の社長から「先生は収益と言われたが、今の本質的な取り組みを続けてくれれば良い」と否定されたこともありました。発表会後に社長と二人で話をしていた際に、「収益を強調しすぎると、うちの社員はすぐにお客さまへの意識が薄れてしまうのです」とおっしゃっていました。社員数千人の会社のトップとして、会社全体の意識のバランスを感じながら舵を取っていらっしゃる様子に触れた貴重な機会でした。

優良企業のトップやリーダーの方々をご支援したことで、「収益改善のための課題を解く」という狭い見方から中長期の経営へと視野を広げていくことができましたが、そのように視野を広げたもともとの原動力は、三菱自動車工業時代に持った〝問い〟でした。軽自動車の販売戦略策定という仕事を通して事業の経営に触れたことで、頭から離れなくなった「企業の経営とはどうあるべきか？」という〝問い〟です。

二〇〇〇年代前半にご支援させていただいた企業の経営者が、成果を出す活動を通して次世代の人材を育成し、自律的に課題解決が進む状態をつくろうとしていたことは、自動車会社での様々な失敗経験から大いに賛同できました。そして、目指す姿をイメージして、抽象論ではない具体的な助言を心掛け、企業の経営基盤を強化するための有効なアプローチや方法をノウハウとして開発・蓄積することにつながりました。

リーマンショックやアベノミクスを経て

リーマンショック後の二〇〇九年に独立し、これまでに蓄積してきたノウハウを活用して、「企業が持続的に成長し続けるための独自のウェイをつくるために貢献したい」と十二年間活動してきました。しかし、結果は満足できるものではありませんでした。長引く不況は、企業から中期の経営基盤を強化するような余裕を奪ってしまいました。

アベノミクスで株価が上がっていきましたが、それは企業の業績が良くなったというよりも、日銀による市場介入による影響が大きく、企業の経営基盤強化への努力を損ねてしまったように思います。

ある方が、「今の不況は中長期の取り組みを進めなかった経営者による経営者不況だ」とおっしゃっていました。私は、この言葉に「企業の永続的な成長のためにほとんど貢献できなかった」という挫折感を強く感じました。

◆農業法人の経営に関わったことで商売の原点を確認

しかし、会社設立後の取り組みにまったく意味がなかったかというとそうではありません。六年ほど前からＪＡとのご縁が始まり、信用事業から営農経済事業へと支援の範囲を広げることができました。特に、大きかったのは農業法人の組織力向上を支援する機会を得たことでした。

最初に心がけたのは、「あるべき論から入らない」ということでした。経営論や手法から入るのではなく、相手の話に耳を傾けて状況を見えるようにして問題意識を引き出して、その問題意識に必要な助言をすることで、少しでも前進してもらおうとしました。

その後、注文住宅をつくる工務店の経営の定期的な勉強会に登壇する機会や、自分で介護サービス業を経営する機会を得ましたが、「あるべき論から入らない」ことを常に心がけています。

その結果、改めて気づかされた商売の原点は、「①お客さまのためにみんなで協力すること」であり、そのために「②みんなでゴールを共有して、目指す職場のチームをつくること」、そのチームの土台として「③従業員と責任者の信頼関係を強めること」でした。

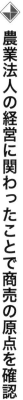

世の中がどのように変わろうとも、これらの商売の原点は変わらないでしょう。

しかし、多くの企業、特に規模が大きな企業ほど、商売の原点を忘れてしまっているような気がしています。

これまでのツケがいよいよまわってくる

残念ですが、失われた十年から、さらに十年、そして三十年が経ってしまったというのが正直な印象です。成長期の思考から抜け切れず、商売の原点への意識が薄れてしまったことが原因ではないかと思っています。

それでは、衰退期に大きな変化を向えるうえで、どのような考えを持って進めばよいのでしょうか？　次の三つの考え方が重要になると考えています。

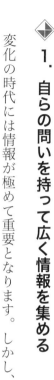

変化の時代に必要な三つの考え方

1. 自らの問いを持って広く情報を集める

変化の時代には情報が極めて重要となります。しかし、情報は闇雲に集めれば良いというものではありません。情報を集める目的を持つことが大切です。大きな目的を〝問い〟として掲げて、その〝問い〟を人に話すことです。そうすると不思議なことに情報や志をともにする人が集まってきます。

また、〝問い〟については、「営農経済事業の収益を改善するには？」というＪＡ視点の〝問い〟よりも、生産者や地域のための〝問い〟の方が望ましいと考えています。生産者とともに目的を共有できるからです。収益というものは、後からついてくるものだと強く意識すべきです。収益を追いすぎると生産者が離れ、収益が逆に悪化する恐れがあります。

思考の癖を修正せよ㉒

〝問い〟を持って発信すると、自然に情報が集まるようになる。生産者や地域のための〝問い〟を考えて発信しよう。

2. いろいろな想定を持ちながら前に進み続ける

情報を集めてばかりで前に進まないことは望ましくありません。「情報をしっかり集めて判断したい」という気持ちもわかりますが、成長期と衰退期では判断の難易度が異なります。成長期は市場が活性化していて、消費者の動きも見えやすかったので、判断のための好材料も集まりやすい状況でした。一方衰退期では、やってみないとわからないことや、続けてみないと見えてこないことが多いのです。

つまり、様々な想定を持って〝問い〟の答えを目指す取り組みを進めながら、さらなる情報を集めていくことが大切になるのです。

思考の癖を修正せよ㉓

いろいろなことを想定して、〝問い〟のための取り組み、得られた情報をもとにゴールや計画を修正しながら進もう。

3. 全員がそれぞれの立場で〝決める〟こと

成長期には、幹部や一部の部署が戦略や方針を立てて、他の部門に指示を出してきました。「中期経営計画や事業計画は企画部門が勝手に立てたもの」という意識が強いことも多いです。しかし衰退期には、戦略や方針を踏まえて全員が自ら考えて進むことが求められます。

つい最近気がついたことは、人の話を聞いている時に、「話を理解しようと聞いている人」

と「自分がどうすべきかを決めようと聞いている人」の大きく二つに分かれるということです。やるべきことを期限内に実行できる人は、後者に多いように思います。そのように考えると、「自分で決めている人」と「人から決められている人」に分かれるのではないかとも思うようになりました。ただし、「決められたことをやる」と決めている人も「自分で決めている人」に入ると考えています。

変革の邪魔になってしまうのは、「決められたことをやる」という姿勢を見せつつも、陰で批判的なことを言っている人です。おそらくこれまでの経緯（自らに起こった悪いこと）や変化に向かう際の不安（自らの力への自信のなさなど）が、そのような行動を引き起こしているのだと思います。そのような人たちとは、じっくりと話し合う必要があります。

地域営農ビジョンの達成や営農経済事業の変革の実現に向けて、ＪＡの役員は役員として、部課長は部課長として、職員は職員として、生産者は生産者として、自ら何を達成するのかを決めることが求められるのです。

思考の癖を修正せよ㉔

「自分は何を達成するのか？」「そのために何を実行するのか？」を考え、常に自分の立場で〝決める〟習慣を持とう。

収支改善の心得

収支改善を進める際に心得ていただきたいこと

最後に、収支改善を進める際に気をつけるべきことについて触れておきます。

多くのＪＡで営農経済事業の収益改善が進められています。短い期間で成果を出すには、無駄の削減や施設の利用料の引き上げなどが有効ですが、それらが行き過ぎると生産者にとって不便な状況や負担を強いることになりかねません。

組合員からの信頼を失うとＪＡの利用率は下がり、さらなる収益改善が必要となって、生産者の負担がさらに大きくなるという悪循環に陥ってしまいます。

企業の変革を支援した際には、コスト削減によって得られた効果を顧客に還元していくことや、事業を中長期的に強化するための課題も織り込むことを重視してきました。V字回復というと聞こえがいいかも知れませんが、急に改善した場合は戻るのも早いのです。良い状態を続けられるように、組織や人材の課題解決力を高めることが大切です。成功事例がある一方で、その何倍もの失敗事例もあります。

短期思考での収支改善によって中長期の競争力を失ってしまった例は多いので、ＪＡのみなさんには同じ轍を踏んでほしくありません。

営農経済事業の変革では、次の三点を心得ていただきたいと思います。

⑴「生産者の所得増大」が大前提であることを忘れないこと

⑵ 職員の成長を促して営農支援体制を強化すること

⑶「急がばまわれ」との考えをもとに地道な活動を進めること

生産者の所得増大や産地の強化、職員の成長には時間がかかります。少なくとも五年はかかるでしょう。だからと言って本質的な取り組みを後まわしにしてしまうと取り返しがつかないことになります。

ＪＡの役員には任期がありますが、役員が交代しても地道な活動が続くようにしていくことが大切だと思います。

思考の癖を修正せよ㉕

「急がばまわれ」
結果や結論を急ぐ前に、そこに十分な根拠があるかを考えよう。

執筆を終えて

これまでのご縁と筆者の今後、感謝

本書のベースとなった『ＪＡ経営実務』の連載の初回に、〝ご縁〟について述べさせていただきました。ＪＡの信用事業への関わりから始まって、農業法人の組織力向上、ＪＡの営農経済事業の強化へと〝ご縁〟がつながって連載にいたりました。そして回を重ねていくにつれて、新しい〝ご縁〟にも巡り合えました。

このような貴重な〝ご縁〟をいただく中で、私には三重県の新田開発に関わった先祖がいることを知りました。農業にまったく関わりがないと思って生きてきましたが、母が亡くなって家の片づけをしている時に、三重県の歴史についての書籍と母のメモをみつけました。

また、父親は伊勢の出身で、先祖には伊勢神宮の職員も何人かおります。もともとは荒木田という姓だったのが、大國という姓を名乗るようになったご先祖様が、国学者の本居宣長氏の門下生であったことも知りました。歴史が苦手で無知な私ですが、本居宣長氏は、「日本人とは何者か？」という問いを持っていたことを知りました。これからの大きな変化の時代に必要な〝問い〟だと思い、これも何かの〝ご縁〟だと思いました。

米山新田開発跡（三重県度会郡円座）

生まれて半世紀を迎えて、「自分は何をしに生まれてきたのか？」という〝問い〟が頭をよぎるようになりました。

その〝問い〟が日々強まっていく中、いるま野農業協同組合さまから営農経済事業の変革について相談をお受けしました。経営コンサルタント引退を表明していましたので、お断りしようとも思いましたが、「ありたい姿を自分たちで描いて進みたい」という方々、特に販売部長の佐伯朋夫さん、当時営農経済部長であった前田肇さんの熱意に動かされ、ご支援させていただくことにしました。

およそ一年、ＪＡいるま野のみなさんと営農経済事業のあるべき姿を目指す取り組みを進めさせていただいたことで、ＪＡの次世代のビジネスモデルのイメージがさらに鮮明になってきました。互いに諦めずに営農経済事業の再構築というゴールを目指し、新しいビジネスモデルが実現できた時、それは立派なイノベーションといえることだと思っています。

イノベーションと言うと、まったく新しい技術や製品を思い浮かべるかも知れませんが、ビジネスモデルのイノベーションという考え方があります。日本企業は技術では健闘してきましたが、ビジネスモデルのイノベーションでは海外企業に惨敗しています。これはとても残念なことです。

もしも、農業産業でイノベーションを成功させることができれば、これからの日本にとっても大きな成果となり、多くの優秀な人たちを呼び込むこともできるでしょう。

また、ＪＡではなく新規の参入者が、過去の成功体験やしがらみに縛られず、新しいビジネスモデルを描き、生産者を集めて成功する可能性もあると思います。

私は、農業協同組合は生産者になくてはならない存在であり、農業産業を強くできる唯一の存在であると信じています。

今後は、コンサルティングというサービス形態ではなく、変革を成功させるためのセミナーや生産者を支援する職員づくりのための研修を他のＪＡに提供しながら、次世代ＪＡのビジネスモデルの構想を継続していくとともに、直接農業に参入することも考えています。

≪筆者紹介≫
大國　仁（おおくに　じん）
変革パートナー兼コーチ
㈱ACWパートナーズ　代表取締役
三菱自動車でマーケティング業務を経験した後、経営コンサルタントに転身。三和総合研究所、ジェミニ・コンサルティング・ジャパンを経て、ジェネックスパートナーズの設立に参画。製造業やサービス業の全社変革など数十社へのコンサルティング支援を経験して独立、2010年ACWパートナーズを設立。
近年は、JAバンクの現場を支援したことをきっかけに、JAの営農経済事業の強化や農業法人の持続的な成長を支援している。また、研修講師として、新入社員研修から経営幹部向けの研修まで幅広く登壇し、グロービスマネジメントスクールでは経営戦略やマーケティング戦略を担当。

営農・経済事業でつくり、つなぐ 未来の農業
～次世代のJAを目指して～

2022年12月1日　第１版　第１刷発行
著　者　大國　仁
発行者　尾中隆夫
発行所　全国共同出版株式会社
〒161-0011 東京都新宿区若葉1-10-32
TEL. 03-3359-4811　FAX. 03-3358-6174
印刷・製本　株式会社アレックス

これからも〝ご縁〟を大切にしながら、少しずつ前進していければと思います。
末筆ではございますが、これまでに出会った方々からの〝ご縁〟と家族に感謝申し上げます。

令和四年十一月八日　大國　仁